Konrad Reif

Herausgeber

Antriebsstrang, Getriebe und Getriebesteuerung

Springer Vieweg

Herausgeber
Prof. Dr.-Ing. Konrad Reif
Duale Hochschule Baden-Württemberg
Ravensburg, Campus Friedrichshafen
Friedrichshafen, Deutschland
editor@reif.re

Grundlagen Kraftfahrzeugtechnik lernen

ISBN 978-3-658-13955-1

Die Deutsche Nationalbibliothek verzeichnet diese Publikation in der Deutschen Nationalbibliographie; detaillierte bibliographische Daten sind im Internet über http://dnb.d-nb.de abrufbar.

Springer Vieweg
© Springer Fachmedien Wiesbaden GmbH 2018

Gedruckt auf säurefreiem und chlorfrei gebleichtem Papier.

Springer Vieweg ist Teil von Springer Nature
Die eingetragene Gesellschaft ist Springer Fachmedien Wiesbaden GmbH
Die Anschrift der Gesellschaft ist: Abraham-Lincoln-Str. 46, 65189 Wiesbaden, Germany

Vorwort

Die beständige, jahrzehntelange Vorwärtsentwicklung der Fahrzeugtechnik zwingt den Fachmann dazu, mit dieser Entwicklung Schritt zu halten. Dies gilt nicht nur für junge Leute in der Ausbildung und die Ausbilder selbst, sondern auch für jeden, der schon länger auf dem Gebiet der Fahrzeugtechnik und -elektronik arbeitet. Dabei nimmt neben den klassischen Gebieten Fahrzeug- und Motorentechnik die Elektronik eine immer wichtigere Rolle ein. Die Aus- und Weiterbildungsangebote müssen dem Rechnung tragen, genauso wie die Studienangebote.

Der Fachlehrgang „Grundlagen Kraftfahrzeugtechnik lernen" nimmt auf diesen Bedarf Bezug und bietet mit zehn Einzelthemen einen leichten Einstieg in das wichtige und umfangreiche Gebiet der Kraftfahrzeugtechnik. Eine fachlich fundierte und anwendungsorientierte Darstellung garantiert eine direkte Verwertbarkeit des Fachlehrgangs in der Praxis. Die leichte Verständlichkeit machen diesen für das Selbststudium besonders geeignet.

Der hier vorliegende Teil des Fachlehrgangs mit dem Titel „Antriebsstrang, Getriebe und Getriebesteuerung" behandelt den Antriebsstrang und die Getriebe für Kraftfahrzeuge und deren Steuerung in einer kompakten und übersichtlichen Form. Dabei wird sowohl auf die mechanische Konstruktion als auch auf die elektronische Steuerung und Regelung eingegangen. Außerdem werden elektrohydraulische Aktuatoren und Steuergeräte behandelt. Dieser Teil des Fachlehrgangs entspricht dem Band „Getriebesteuerung" aus dem Fachlehrgang „Automobilelektronik lernen"; mit Ausnahme des Kapitels „Antriebsstrang", das aus der 28. Auflage des Kraftfahrtechnischen Taschenbuchs übernommen wurde.

Friedrichshafen, im Oktober 2017   Konrad Reif

Inhaltsverzeichnis

Herausgeber

Prof. Dr.-Ing. Konrad Reif

Autoren

Dipl.-Ing. Peter Köpf
    ZF Friedrichshafen AG, Friedrichshafen,
Dipl.-Ing. (FH) T. Müller.
    (Antriebsstrang)

Dipl.-Ing. D. Fornoff
    (Entwicklung AST Aktuatoren),
D. Grauman
    (Verkauf AST Getriebeaktuatorik),
E. Hendriks
    (Produktmanagement
    CVT-Komponenten)

Dipl.-Ing. T. Laux,
Dipl.-Ing. (FH) T. Müller
    (Produktmanagement
    Getriebesteuerung)

Dipl.-Ing. A. Schreiber
    (Entwicklung Steuergeräte),
Dipl.-Ing. S. Schumacher
    (Entwicklung Aktuatorik und Module),
Dipl.-Ing. W. Stroh
    (Entwicklung Steuergeräte)

Soweit nicht anders angegeben,
handelt es sich um Mitarbeiter der
Robert Bosch GmbH.

Antriebsstrang

Übersicht

Aufgabe

Der Antriebsstrang eines Kraftfahrzeugs hat die Aufgabe, den Zug- und den Schubkräftebedarf für die Fortbewegung sicherzustellen. In der Antriebsmaschine wird chemische Energie (aus dem Kraftstoff) oder auch elektrische Energie in mechanische Energie gewandelt. Bevorzugte Antriebsmaschinen sind Otto- und Dieselmotoren. Sie arbeiten in einem bestimmten Drehzahlbereich, begrenzt durch die Leerlauf- und die Maximaldrehzahl. Die charakteristischen Werte von Leistung und Drehmoment werden nicht gleichmäßig angeboten; die Maximalwerte stehen nur in Teilbereichen zur Verfügung. Die Übersetzungen in den Antriebsaggregaten sorgen dafür, dass das Drehmomentangebot und der jeweilige Zugkraftbedarf einander angeglichen werden.

Auslegung

Der Fahrzustand eines Kraftfahrzeugs wird durch die Fahrwiderstandsgleichung (siehe **Formel 1**) beschrieben. Sie setzt das Kraftangebot des Antriebsstrangs mit dem Kraftbedarf an den Antriebsrädern (Fahrwiderstand) ins Gleichgewicht.

Aus der Fahrwiderstandsgleichung können die Beschleunigung, die Höchstgeschwindigkeit, die Steigfähigkeit und auch der Gesamtwandlungsbereich I des Getriebes berechnet werden:

$$I = \frac{(i/r)_{max}}{(i/r)_{min}} = \frac{\tan \alpha_{max} \cdot v_o}{(P/m\,g)_{eff}\ \varphi}$$

Tabelle 1: Größen und Einheiten		
Größe		**Einheit**
a	Beschleunigung	m/s²
c_w	Luftwiderstandsbeiwert	–
e	Massenfaktor	–
f	Rollwiderstandsbeiwert	–
g	Erdbeschleunigung	m/s²
i	Übersetzung	–
m	Fahrzeugmasse	kg
n	Drehzahl	min⁻¹
r	Dynamischer Reifenradius	m
s	Schlupf	–
v	Fahrgeschwindigkeit	m/s
A	Stirnfläche	m²
D	Kreislaufdurchmesser	m
I	Gesamtwandlungsbereich	–
J	Massenträgheitsmoment	kg·m²
M	Drehmoment	N m
P	Leistung	kW
α	Steigungswinkel	°
φ	Schnellgangfaktor	–
η	Wirkungsgrad	–
λ	Leistungszahl	–
μ	Wandlung	–
ρ	Dichte	kg/m³
ω	Winkelgeschwindigkeit	rad/s
ν	Drehzahlverhältnis	–

Indizes

eff	effektiv	0	zu Maximalleistung
ges	gesamt		gehörend
hydr	hydraulisch	A	Triebsstrang
max	maximal	G	Getriebe
min	minimal	P	Pumpe
h	Achsgetriebe	R	Rad
m	Motor	T	Turbine

Formel 1: Gleichgewichtsbeziehung zwischen Antrieb und Fahrwiderständen

Die Gleichung für die Gleichgewichtsbeziehung zwischen Antrieb und Fahrwiderständen dient zur Bestimmung der verschiedenen Größen, wie z. B. Beschleunigung, Höchstgeschwindigkeit, Steigfähigkeit usw.

Kraftangebot = Fahrwiderstände an den Antriebsrädern (Kraftbedarf)

$$M_m \frac{i_{ges}}{r}\, \eta_{ges} = m\,g\,f\cos\alpha + m\,g\sin\alpha + e\,m\,a + c_w A \frac{\rho}{2} v^2$$

treibende Kraft in der Reifenaufstandsfläche	Rollwiderstand	Steigungswiderstand	Beschleunigungswiderstand	Luftwiderstand

Dabei sind Massenfaktor $e = 1 + \frac{J}{m\,r^2}$ und Massenträgheitsmoment $J = J_R + i_h^2 J_A + i_h^2 i_G^2 J_m$

Der Schnellgangfaktor φ ist definiert zu:

$$\varphi = \frac{(i/r)_{\min}}{\omega_0/v_0}.$$

Bei der effektiven spezifischen Leistung darf nur die Leistung P eingesetzt werden, die tatsächlich zum Fahrzeugantrieb zur Verfügung steht (Abzüge erfolgen für Hilfsantriebe, Verluste, Höheneinfluss). Das Gewicht mg muss auch Sonderfälle wie z. B. Anhänger bei Pkw berücksichtigen. $\varphi = 1$ trifft zu, wenn im obersten Gang die Fahrwiderstandslinie gerade durch den Punkt maximaler Leistung geht (**Bild 1**). Der Faktor φ bestimmt die Lage der Fahrwiderstandslinie des obersten Gangs im Motorbetriebsfeld und damit auch die Wirkungsgrade, mit denen der Motor arbeitet.

Überträgt man die Fahrwiderstandslinie im obersten Getriebegang in das Motorkennfeld (Volllastkurve, Muscheldiagramm, Leistungshyperbeln), kann man das Zusammenspiel zwischen Motor und Fahrzeug in diesem Gang beurteilen.

$\varphi > 1$ schiebt den Motorbetrieb in den Bereich eines ungünstigen Wirkungsgrads, erhöht aber die Steigfähigkeits- und Beschleunigungsreserve im obersten Gang. Wird $\varphi < 1$ gewählt, so verringert sich der Kraftstoffverbrauch, allerdings bei deutlich geringerer Beschleunigungs- und Steigfähigkeitsreserve. Der geringste Verbrauch ergibt sich längs der Betriebslinie η_{opt}. $\varphi > 1$ verringert, $\varphi < 1$ vergrößert den erforderlichen Wandlungsbereich I des Getriebes.

Im Zugkraft-Geschwindigkeits-Diagramm (**Bild 2**) wird die Volllastlinie des Motors für jeden Getriebegang in das Hyperbelfeld der Antriebsleistung eingetragen. Man erkennt, wie gut eine Motor-Getriebe-Kombination (im Bild ist ein Fünfgang-

Tabelle 2: Ausführungen des Triebstrangs.		
Antriebsart	**Motorlage**	**Angetriebene Achse**
Standardantrieb	vorn	Hinterachse
Frontantrieb	vorn, längs oder quer	Vorderachse
Allradantrieb	vorn, seltener hinten oder Mitte	Vorder- und Hinterachse
Heckantrieb	hinten	Hinterachse

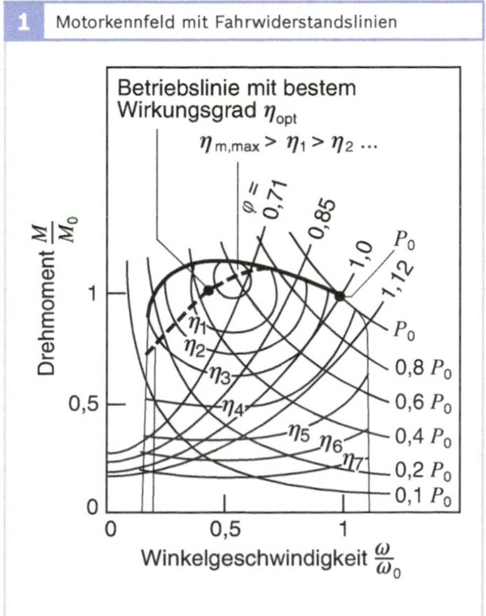

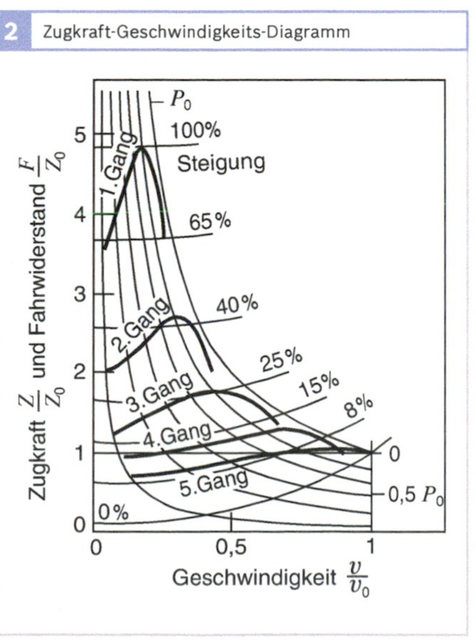

Bild 2

Die physikalischen Größen sind jeweils auf den der maximalen Leistung P_0 entsprechenden Wert bezogen.

Handschaltgetriebe dargestellt) das Fahrkennfeld ausfüllt und welche Steigfähigkeit in den einzelnen Gängen erreicht werden kann.

Antriebsstrangvarianten

Der Antriebsstrang im Kfz ist unterschiedlich nach Lage des Motors und der Antriebsachse ausgeführt (**Tabelle 2**).

Elemente im Antriebsstrang

Die Elemente des Antriebsstrangs müssen die folgenden Funktionen erfüllen:
- Stillstand des Fahrzeugs auch bei laufendem Motor,
- Anfahren,
- Drehmoment und Drehzahl wandeln,
- Fahrbetrieb vorwärts und rückwärts ermöglichen,
- unterschiedliche Drehzahlen der Antriebsräder bei Kurvenfahrt zulassen,
- Betrieb der Antriebsmaschine im Verbrauchs- und Abgasoptimum des Kennfeldes ermöglichen.

Stillstand, Anfahren und Kraftunterbrechung werden durch Betätigen der Kupplung ermöglicht. Während des Anfahrens schleift die Kupplung und überbrückt die Drehzahldifferenz zwischen Motor und Antriebsstrang. Wenn unterschiedliche Betriebszustände einen Gangwechsel erfordern, trennt die Kupplung den Antriebsstrang während des Schaltvorgangs. In automatischen Getrieben übernimmt der hydrodynamische Wandler den Anfahrvorgang. Motordrehmoment und -drehzahl werden im Getriebe entsprechend dem Zugkraftbedarf des Fahrzeugs gewandelt.

Die Gesamtwandlung des Antriebsstrangs ergibt sich – wenn nicht weitere Übersetzungsstufen vorhanden sind – als Produkt aus konstanter Übersetzung des Achsantriebs und variabler Übersetzung des Getriebes. Die Getriebe sind überwiegend Mehrgang-Zahnradstufengetriebe und z. T. auch stufenlos.

Zwei Arten von Zahnradgetrieben dominieren: Stirnradgetriebe in Vorgelegebauweise für Handschalt- und Doppelkupplungsgetriebe sowie Planetengetriebe für lastschaltbare Wandlerautomatgetriebe. Die Getriebe ermöglichen außerdem die für Vorwärts- und Rückwärtsfahrt unterschiedlichen Drehrichtungen.

Das Differentialgetriebe lässt unterschiedliche Achs- und Raddrehzahlen bei Kurvenfahrt zu und sorgt für gleichmäßige Verteilung der Antriebsmomente. Sperrdifferentiale bremsen den Ausgleich beim Durchdrehen eines Rads und treiben das

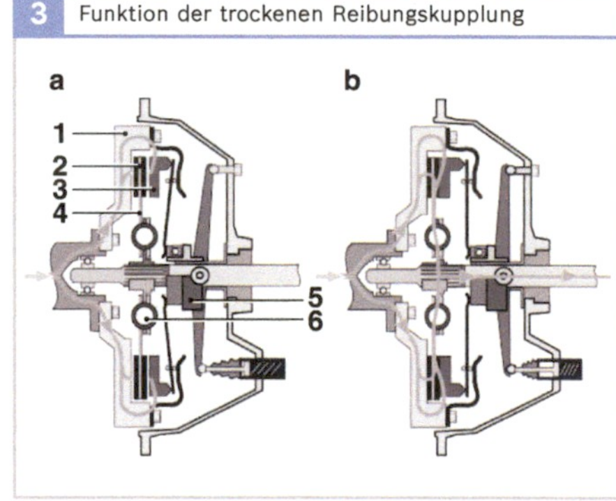

3 Funktion der trockenen Reibungskupplung

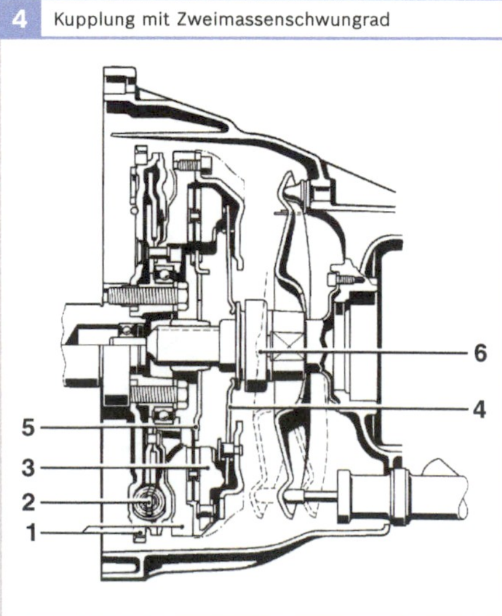

4 Kupplung mit Zweimassenschwungrad

Bild 3
a) Offene Kupplung
b) betätigte Kupplung

1 Motorschwungrad
2 Kupplungsscheibe
3 Druckplatte
4 Mitnehmerscheibe
5 Ausrücklager
6 Torsionsdämpfer

Bild 4
1 Zweimassenschwungrad
2 elastisches Element
3 Druckplatte
4 Tellerfeder
5 Mitnehmerscheibe
6 Ausrücklager

haftende Rad mit einem erhöhten Moment an. Neuentwickelte Torque-Vectoring-Differentialgetriebe erlauben es, je nach Bedarf das Antriebsdrehmoment gezielt auf die Antriebsräder zu verteilen.

Torsionsdämpfer, hydrodynamische Übertragungselemente, schlupfgeregelte kraftschlüssige Kupplungen oder Massen-Federsysteme bauen hohe Schwingungsamplituden ab, schützen vor Überlastung und sorgen für Schwingungskomfort.

Anfahrelemente

Trockene Reibungskupplung

Die Reibungskupplung besteht aus einer Druckplatte, einer Kupplungsscheibe, auf die zwei axial zueinander gefederte Reibbeläge aufgeklebt oder aufgenietet sind, und einer weiteren Reibfläche, die vom Motorschwungrad gebildet wird. Schwungrad und Druckplatte mit der für die Reibarbeit der Kupplung notwendigen Wärmekapazität sind mit dem Antriebsmotor und die Kupplungsscheibe mit der Getriebeeingangswelle verbunden.

Zur Kraftübertragung bei geschlossener Kupplung spannen Federn (häufig eine zentrale Tellerfeder) die Kupplungsscheibe zwischen Druckplatte und Schwungrad ein. Zum Öffnen, z. B. für einen Schaltvorgang, entlastet ein mechanisch oder hydraulisch betätigtes Ausrücklager die Druckplatte von der Feder (**Bild 3**). Die Kupplung wird mit einem Fußpedal oder mit Stellern (elektrohydraulisch, elektropneumatisch oder elektromechanisch) betätigt. In die Kupplungsscheibe kann zur Schwingungsisolation ein ein- oder mehrstufiger Torsionsdämpfer, gegebenenfalls mit Vordämpfer, integriert sein.

Zur optimalen Schwingungsisolation kann auch ein zweiteiliges Schwungrad (Zweimassenschwungrad) mit einem zwischengeschalteten elastischen Element vor die Kupplung geschaltet sein (**Bild 4**). Die Resonanzfrequenz dieses Feder-Masse-Systems liegt unterhalb der Erregerfrequenz (Zündfrequenz) des Motorleerlaufs und damit außerhalb des Betriebsdrehzahlbereichs. Es wirkt als schwingungsisolierendes Ele-

ment gegenüber den dem Motor nachgeschalteten Triebwerkskomponenten (ähnlich wie ein Tiefpassfilter).

Nasse Reibungskupplung

Die nasse Reibungskupplung hat gegenüber der trockenen Ausführung den Vorteil gesteigerter thermischer Belastbarkeit, da sie für die Wärmeabfuhr mit Öl durchflutet werden kann. Nachteilig sind die erhöhten Schleppverluste im geöffneten Zustand gegenüber einer trockenen Kupplung. In Serie eingesetzt wird die nasse Reibungskupplung in Verbindung mit Doppelkupplungsgetrieben, einigen stufenlosen Getrieben und vereinzelt auch bei modifizierten Wandlerautomatgetrieben anstelle des hydrodynamischen Drehmomentwandlers.

Hydrodynamischer Drehmomentwandler

Der hydrodynamische Drehmomentwandler besteht aus einem Pumpenrad als Antrieb, einem Turbinenrad als Abtrieb und einem Leitrad als Stützelement (**Bild 5** und **Bild 6**). Er hat eine Ölfüllung und überträgt das Motormoment durch die Strömungskräfte des Öls. Der Wandler überbrückt die Drehzahldifferenz zwischen Motor und Antriebsstrang und eignet sich daher sehr gut zum Anfahren. Im Pumpenrad wird kinetische Energie in Strömungsenergie umge-

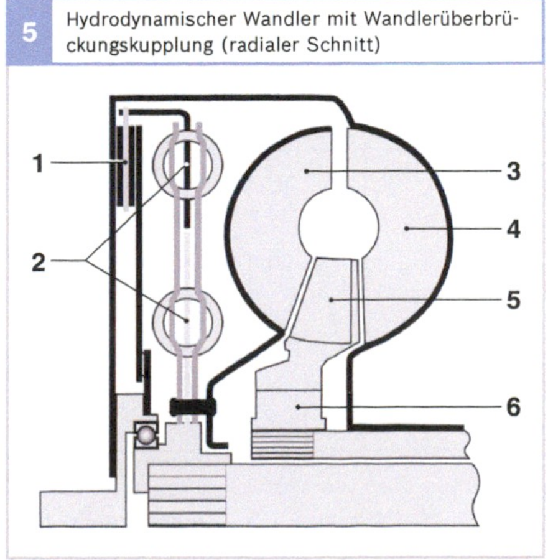

5 Hydrodynamischer Wandler mit Wandlerüberbrückungskupplung (radialer Schnitt)

Bild 5
1 Überbrückungskupplung
2 Torsionsdämpfer
3 Turbinenrad
4 Pumpenrad
5 Leitrad
6 Freilauf

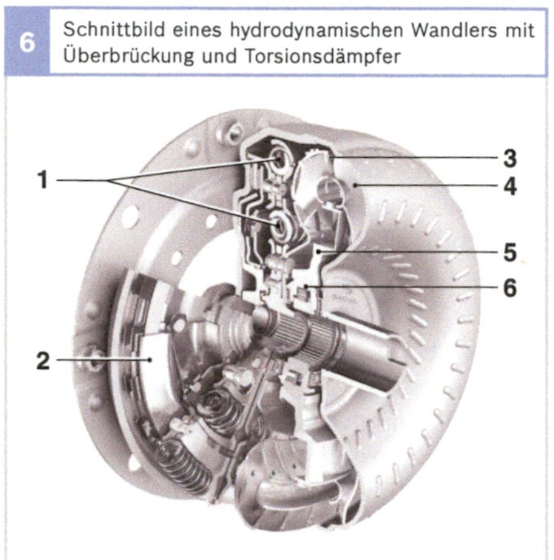

6 Schnittbild eines hydrodynamischen Wandlers mit Überbrückung und Torsionsdämpfer

Bild 6
1 Torsionsdämpfer
2 Überbrückungs-
kupplung
3 Turbinenrad
4 Pumpenrad
5 Leitrad
6 Freilauf

D der Kreislaufdurchmesser in m,
ω_P die Winkelgeschwindigkeit der Pumpe.
Das Leitrad zwischen Turbine und Pumpe lenkt das strömende Öl für den Wiedereintritt in das Pumpenrad um. Damit ist das abgegebene Drehmoment höher als das vom Motor aufgenommene Pumpenmoment. Die Drehmomentverstärkung oder die Drehmomentwandlung beträgt

$$\mu = \frac{M_\mathrm{T}}{M_\mathrm{P}}.$$

Die Leistungszahl λ und die Drehmomentverstärkung μ sind vom Drehzahlverhältnis ν zwischen Turbine und Pumpe abhängig:

$$\nu = \frac{\omega_\mathrm{T}}{\omega_\mathrm{P}}.$$

Durch den Schlupf $s = 1 - \nu$ und die Momentenwandlung wird der hydraulische Wirkungsgrad bestimmt:

$$\eta_\mathrm{hydr} = \mu\,(1 - s) = \mu\,\nu.$$

Bei $\nu = 0$, also bei festgebremster Turbine (Festbremspunkt, Anfahrpunkt), erreicht die Momentenwandlung ihren Höchstwert und fällt annähernd linear mit steigender Turbinendrehzahl auf das Momentenverhältnis 1:1 im Kupplungspunkt ab. Oberhalb des Kupplungspunkts läuft das Leitrad, das sich über einen Freilauf am Gehäuse abstützt, momentenfrei in der Strömung (Kupplungsbereich).

wandelt und im Turbinenrad danach wieder in kinetische Energie zurückverwandelt.

Die Drehmomentaufnahme M_P und die Leistungsaufnahme P_P der Pumpe berechnen sich zu:

$$M_\mathrm{P} = \lambda\,\rho\,D^5\,\omega_\mathrm{P}^2\,, \quad P_\mathrm{P} = \lambda\,\rho\,D^5\,\omega_\mathrm{P}^3\,.$$

Dabei sind:
λ die Leistungszahl,
ρ die Dichte des Mediums
(bei Öl ≈ 870 kg/m³),

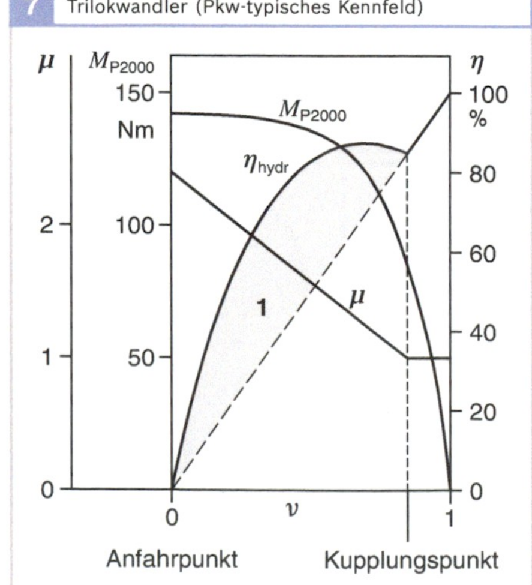

7 Trilokwandler (Pkw-typisches Kennfeld)

Bild 7
M_P2000 Drehmomentaufnahme M_P bei
$n = 2\,000$ min⁻¹
μ Drehmoment-
wandlung
η_hydr hydraulischer
Wirkungsgrad
ν Drehzahlver-
hältnis

1 Wirkungsgradverbesserung gegenüber Kupplung.

Im Kraftfahrzeug hat sich der zweiphasige Föttinger-Wandler mit zentripetal durchströmter Turbine, der „Trilokwandler", durchgesetzt. Dort sind die Schaufelgeometrien so gewählt, dass im Anfahrpunkt ($\nu = 0$) die Momentenerhöhung zwischen 1,7 und 2,5 liegt (**Bild 7**). Der hydraulische Wirkungsgrad $\eta_\mathrm{hyd} = \nu\,\mu$ ähnelt im Wandlungsbereich einer Parabel. Oberhalb des Kupplungspunkts, der bei 10…15 % Schlupf liegt, ist der Wirkungsgrad gleich dem Drehzahlverhältnis ν und erreicht bei hoher Drehzahl Werte um 97 %.

Der hydrodynamische Wandler ist ein vollautomatisches stufenloses Getriebe, das praktisch verschleißfrei arbeitet, Schwingungsspitzen abbaut und Schwingungen ausgezeichnet dämpft.

Wandlungsbereich und Wirkungsgrad speziell bei größerem Schlupf sind allerdings für den Fahrzeugbetrieb nicht ausreichend, sodass der Wandler nur in Verbindung mit Mehrstufen- oder auch stufenlosen Getrieben sinnvoll betrieben werden kann.

Wandlerüberbrückungskupplung

Zur Verbesserung des Wirkungsgrads können Turbinen- und Pumpenrad nach dem Anfahrvorgang kraftschlüssig durch die Wandlerüberbrückungskupplung verbunden werden. Die Überbrückungskupplung besteht aus einem Kolben mit Reibbelag, der mit der Turbinennabe verbunden ist. Die Öldurchflussrichtung durch den Wandler, bestimmt von der Getriebesteuerung, öffnet oder schließt die Überbrückungskupplung.

Die Überbrückungskupplung benötigt in der Regel zusätzliche Maßnahmen zur Schwingungsdämpfung:

- Einbau eines Torsionsdämpfers,
- schlupfgeregelter Betrieb der Überbrückungskupplung in schwingungskritischen Bereichen oder auch
- beide Maßnahmen miteinander kombiniert.

Mehrstufengetriebe

Mehrstufig schaltbare Zahnradgetriebe haben sich für die Kraftübertragung im Kraftfahrzeug durchgesetzt. Günstiges Wirkungsgradverhalten, abhängig von der Gangzahl und der Drehmomentcharakteristik des Motors, zufriedenstellende bis gute Anpassung an die Zugkrafthyperbel und gut beherrschbare Technologie sind die wesentlichen Gründe dafür.

Stufengetriebe werden entweder mit Zugkraftunterbrechung (Gangschaltung über Formschluss) oder unter Last kraftschlüssig geschaltet. Zur ersten Gruppe gehören die Handschaltgetriebe und die automatisierten Getriebe, zur zweiten Gruppe die Automatgetriebe.

Handschaltgetriebe sind bei Pkw und der Mehrzahl der Nfz als Zweiwellen-Vorgelegegetriebe aufgebaut. Die schweren Nfz-Getriebe haben z. T. eine Leistungsübertragung über zwei oder auch drei Vorgelegewellen. Hier sind dann spezielle konstruktive Maßnahmen zur gleichmäßigen Leistungsaufteilung auf alle Vorgelegewellen notwendig.

Automatgetriebe für Pkw und auch Nfz sind überwiegend mit Planetengetriebe und nur vereinzelt in Vorgelegebauweise konzipiert. Die Planetengetriebe sind in der Regel als Planetenkoppelgetriebe aufgebaut.

---

8   Planetengetriebe mit Übersetzungsvarianten

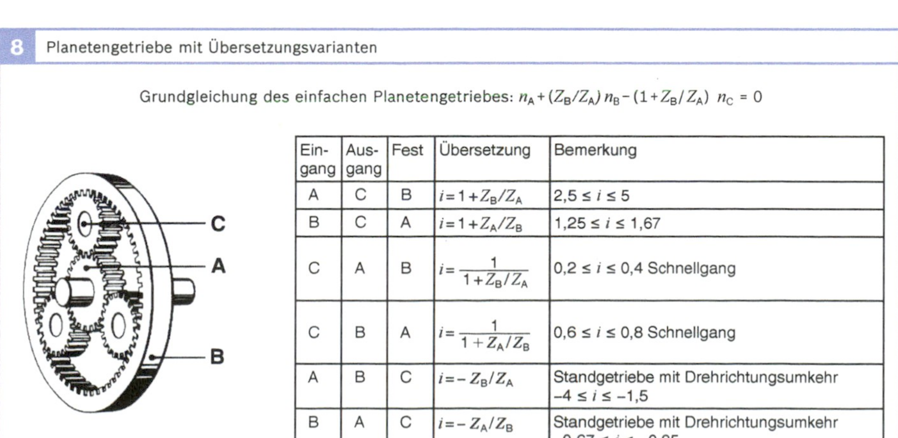

Grundgleichung des einfachen Planetengetriebes: $n_A + (Z_B/Z_A)\, n_B - (1 + Z_B/Z_A)\, n_C = 0$

Eingang	Ausgang	Fest	Übersetzung	Bemerkung
A	C	B	$i = 1 + Z_B/Z_A$	$2{,}5 \le i \le 5$
B	C	A	$i = 1 + Z_A/Z_B$	$1{,}25 \le i \le 1{,}67$
C	A	B	$i = \dfrac{1}{1 + Z_B/Z_A}$	$0{,}2 \le i \le 0{,}4$ Schnellgang
C	B	A	$i = \dfrac{1}{1 + Z_A/Z_B}$	$0{,}6 \le i \le 0{,}8$ Schnellgang
A	B	C	$i = - Z_B/Z_A$	Standgetriebe mit Drehrichtungsumkehr $-4 \le i \le -1{,}5$
B	A	C	$i = - Z_A/Z_B$	Standgetriebe mit Drehrichtungsumkehr $-0{,}67 \le i \le -0{,}25$

Bild 8
A Sonnenrad
B Hohlrad
C Steg mit Planetenrädern
Z Zähnezahl
i Übersetzung

Dabei finden häufig der Ravigneaux- oder der Simpson-Planetenradsatz Berücksichtigung.

Planetengetriebe

Einfache Planetengetriebe bestehen aus Sonnenrad, Hohlrad und Steg mit Planetenrädern, die jeweils Antrieb, Abtrieb oder festgehalten sein können. Die koaxiale Anordnung der drei Elemente erlaubt eine vorteilhafte Kombination mit reibschlüssigen Kupplungen und Bremsen zum wahlweisen Verbinden oder Festhalten dieser Elemente (**Bild 8**). Die hierdurch zu erzielenden Übersetzungsänderungen können unter Last geschaltet werden. Diese Eigenschaft wird vor allem in automatischen Getrieben genutzt.

Da mehrere Zahnräder unter Last parallel im Eingriff sind, sind Planetengetriebe sehr kompakt. Sie haben keine freien Lagerkräfte, erlauben hohe Drehmomente, und haben einen sehr guten Wirkungsgrad.

Handschaltgetriebe

Wesentliche Baugruppen der Handschaltgetriebe sind:
▶ Anfahr- und Trennkupplung, aufgebaut als Ein- oder Zweischeiben-Trockenkupplung, bei hohen Betätigungskräften mit Servounterstützung,
▶ Zahnradwechselgetriebe in Ein- oder Mehrgruppenbauweise mit Zahnrädern im Dauereingriff,
▶ Getriebeschaltung mit Schalthebel.

Die Bewegungsübertragung geschieht durch ein Schaltgestänge oder einen Kabelzug sowie über eine Klauenkupplung oder eine Sperrsynchronisierung zur Kopplung der Zahnräder mit den Wellen. Zum Schalten müssen die miteinander zu verbindenden Getriebeelemente zunächst auf gleiche Drehzahl gebracht werden. Bei klauengeschalteten Getrieben (heute zum Teil noch in Getrieben für schwere Nfz), geschieht dies vom Fahrer aus durch Doppelkuppeln beim Hochschalten oder durch Zwischengas beim Zurückschalten.

Pkw-Getriebe und die Mehrzahl der Nfz-Getriebe haben heute Sperrsynchronisierungen, die durch Reibung zwischen Synchronring und Kupplungskörper die Drehzahlangleichung kraftschlüssig herstellen (**Bild 9**). Die außen am Synchronring ange-

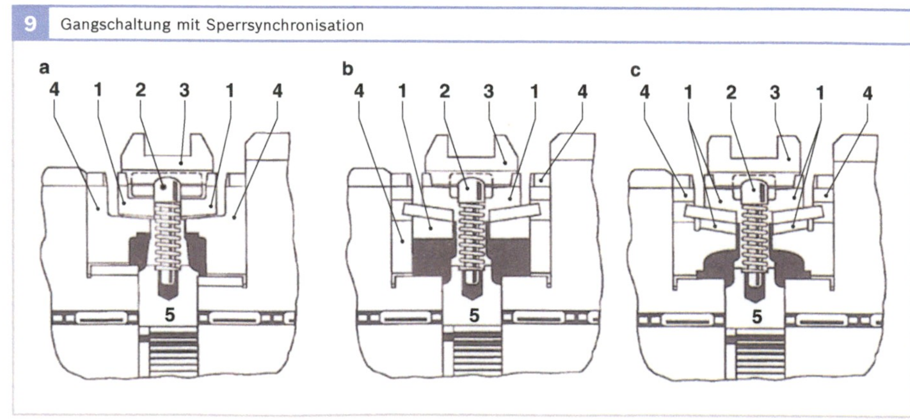

Bild 9
a) Einfachkonus
b) Doppelkonus
c) Dreifachkonus

1 Synchronring
2 Druckstift mit Druckfeder
3 Schiebemuffe
4 Kupplungskörper
5 Synchronkörper

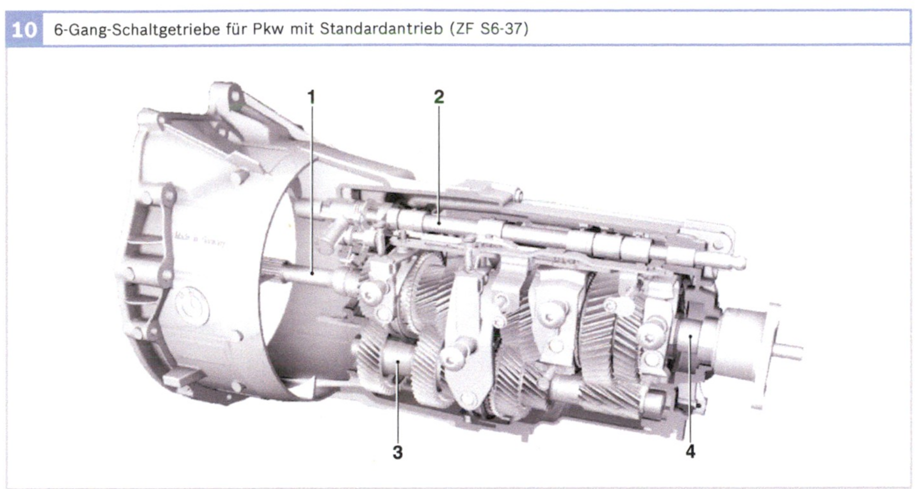

10 6-Gang-Schaltgetriebe für Pkw mit Standardantrieb (ZF S6-37)

Bild 10
1 Antriebswelle
2 Schaltschiene
3 Vorgelegewelle
4 Abtriebswelle

ordnete Sperrverzahnung lässt das Weiterschieben der Schiebemuffe zum formschlüssigen Einschalten des Gangs erst nach Abschluss des Synchronisierungsvorgangs zu. Überwiegend werden Einfachkonus-Synchronisierungen verwendet. Bei besonders hohen Anforderungen an Leistungsfähigkeit oder Schaltkraftreduzierung werden auch Doppelkonus-, Dreifachkonus- sowie Lamellen-Synchronisierungen eingesetzt.

Pkw-Getriebe haben häufig fünf und zunehmend sechs Vorwärtsgänge (**Bild 10**). Der Übersetzungsbereich liegt (abhängig von Gangzahl und Getriebestufung) zwischen ca. 4 und 6,3, der Übertragungswirkungsgrad erreicht Werte bis 99 %. Der Getriebeaufbau orientiert sich an der Fahrzeugkonzeption (Standardantrieb, Frontantrieb mit längs oder quer eingebautem Motor oder Allradantrieb). Er hat dementsprechend entweder koaxiale Lage von An- und Abtrieb oder Achsversatz und wird z. T. auch mit Achsantrieb und Differential kombiniert (**Bild 11**).

Nfz-Getriebe haben abhängig von Fahrzeugart und Einsatz fünf bis 16 Gänge. Bis einschließlich sechs Gänge werden die Getriebe in Eingruppenbauweise ausgeführt. Der Übersetzungsbereich liegt zwischen 4

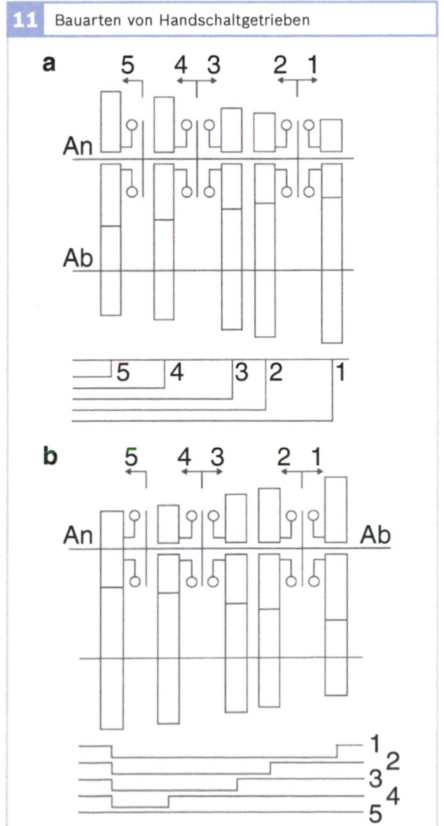

11 Bauarten von Handschaltgetrieben

Bild 11
a) Mit Achsversatz,
b) koaxiale Anordnung von An- und Abtriebswelle

Die Zahlen bezeichnen die Gänge.

und 9. Getriebe mit bis zu neun Gängen sind Zweigruppengetriebe, wobei die Bereichsgruppe pneumatisch geschaltet wird. Der Übersetzungsbereich liegt bei 13.

Für noch höhere Gangzahlen bis 16 gibt es Dreigruppengetriebe (**Bild 12**). Diese bestehen aus einem mehrstufigen Grundgetriebe als Hauptgruppe, einer zweistufigen Splitgruppe für Übersetzungen zwischen den Stufen der Hauptgruppe sowie einer zweistufigen Bereichsgruppe zur Vergrößerung des Übersetzungsbereichs der Hauptgruppen. Split- und Bereichsgruppe werden pneumatisch betätigt, der Übersetzungsbereich liegt bei 16.

Nebenabtriebe

Nfz-Getriebe sind mit einer Reihe von Anschlussmöglichkeiten für Nebenabtriebe ausgestattet, um Zusatzaggregate anzutreiben. Man unterscheidet zwischen kupplungs- und motorabhängigen Nebenabtrieben. Die Auswahl ist von den Anforderungen abhängig.

Retarder

Hydrodynamische oder elektrodynamische Retarder sind verschleißfreie Zusatzbremsen zur thermischen Entlastung der Radbremsen bei Dauerbremsung. Sie können sowohl antriebsseitig (Primärretarder) als auch abtriebsseitig (Sekundärretarder) entweder als separate Baugruppe angeordnet sein oder in das Getriebe integriert werden. Vorteile der integrierten Lösungen sind: kompakte Bauweise, geringes Gewicht, gemeinsamer Ölhaushalt mit dem Getriebe. Primärretarder haben besondere Vorteile bei Bremsvorgängen im niedrigen Geschwindigkeitsbereich und sind deshalb besonders in Stadtbussen weit verbreitet. Sekundärretarder haben besondere Vorteile in Fernverkehrs-Lkw bei Anpassungsbremsungen im höheren Geschwindigkeitsbereich sowie bei Bergabfahrten.

---

12   16-Gang-Gruppengetriebe für schwere Lkw (ZF Ecosplit 16 S221)

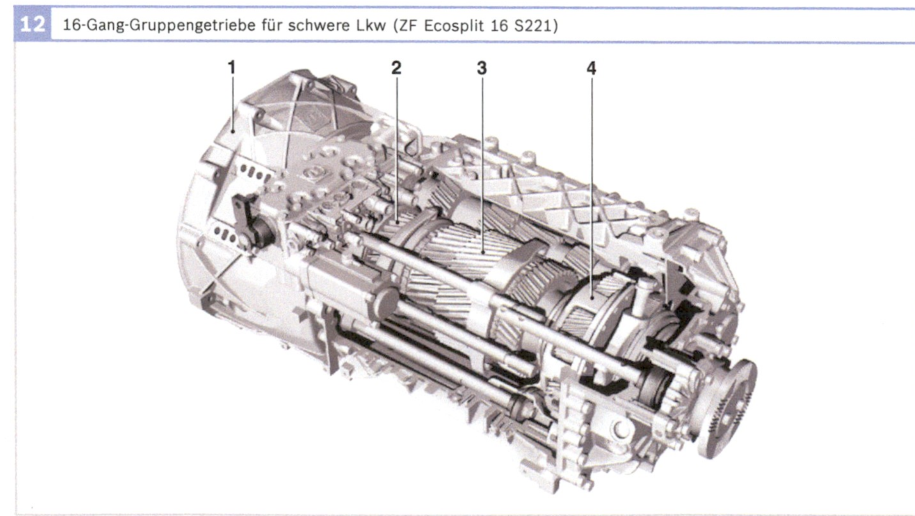

Bild 12

1   Kupplungsglocke

2   Splitgruppe

3   synchronisiertes 4-Gang-Grundgetriebe

4   Bereichsgruppe

Automatische Getriebe

Bei den automatischen Getrieben unterscheidet man zwei in ihrer Auswirkung auf die Fahrdynamik unterschiedliche Konzepte. Automatisierte Getriebe sind Handschaltgetriebe, bei denen alle Vorgänge, die der Fahrer bei einem Schaltvorgang ausführt, von elektronisch gesteuerten Aktorsystemen übernommen werden. Fahrphysikalisch bedeutet dies, dass während des Schaltvorgangs stets eine Kupplung geöffnet und damit die Zugkraft unterbrochen wird.

Lastschalt-Automatgetriebe, meist kurz als Automatgetriebe bezeichnet, schalten unter Last, d. h., auch während des Schaltvorgangs wird der Vortrieb des Fahrzeugs beibehalten.

Dieser Unterschied in der Fahrdynamik bestimmt maßgeblich die Anwendungsfelder dieser beiden Getriebekonzepte. Lastschalt-Automatgetriebe kommen dort zum Einsatz, wo die Zugkraftunterbrechung eine deutliche Beeinträchtigung des Komforts mit sich bringt (vor allem Pkw mit hohem Beschleunigungsvermögen) oder fahrphysikalisch nicht akzeptiert werden kann (vor allem bei Fahrzeugen im Geländeeinsatz). Automatisierte Getriebe sind in Fernverkehrsfahrzeugen zu finden, in Reisebussen und mittlerweile auch in kleinen Pkw, Rennsportwagen sowie sehr sportlichen Straßenfahrzeugen.

Automatisierte Getriebe

Teil- oder vollautomatisierte Schaltsysteme tragen wesentlich zur Vereinfachung der Getriebebedienung und zur Erhöhung der Wirtschaftlichkeit bei. Dem konzeptionsbedingten Nachteil der Zugkraftunterbrechung stehen besonders für Anwendungen im Lkw entscheidende Vorteile gegenüber:
- Feine Gangabstufung mit bis zu 16 Gängen,
- höherer Übertragungswirkungsgrad,
- geringere Kosten,
- gleiche Technologie für Handschalt- und Automatgetriebe.

Wirkungsweise
Ein Stellermodul am Getriebe, der entweder elektrisch, hydraulisch oder pneumatisch ausgebildet sein kann, schaltet die einzelnen Gänge und aktiviert die Kupplung. Die Signale für die Schaltung kommen von der elektronischen Getriebesteuerung (**Bild 13**).

Ausführungen
Beim einfachsten System ersetzt eine Fernschaltung lediglich das mechanische Gestänge. Der Schalthebel gibt in diesem Fall nur noch elektrische Signale ab. Anfahrvorgang und Kuppeln erfolgen wie beim Handschaltgetriebe. Weiter gehende Ausführungen koppeln diese Systeme mit einer Schaltempfehlung. Vorteile sind:

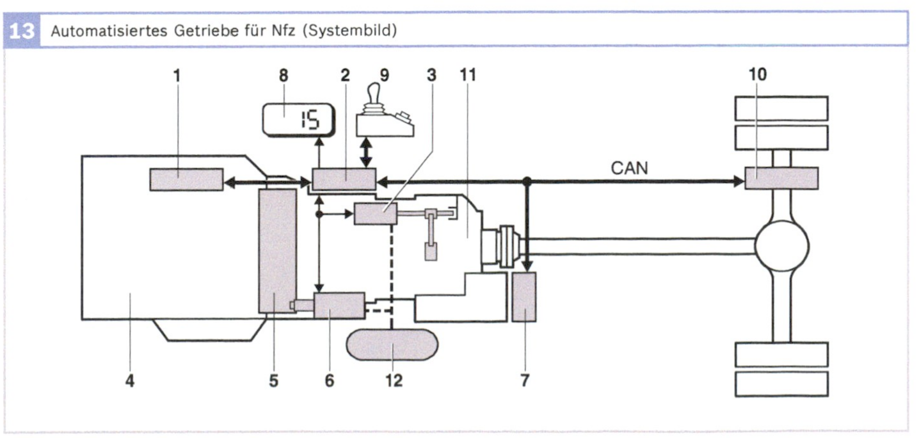

Bild 13
1 Motorsteuerung (EDC, Elektronische Dieselregelung)
2 elektronische Getriebesteuerung
3 Getriebesteller
4 Dieselmotor
5 Trocken-Trennkupplung
6 Kupplungssteller
7 Intarder-Elektronik
8 Display
9 Fahrschalter (Wählhebel)
10 ABS/ASR
11 Getriebe
12 Luftversorgung

----- Elektrik
- - - - Pneumatik
——— CAN-Kommunikation

Schalterleichterung,
  einfacher Einbau (Gestänge entfällt),
  Sicherung gegen Fehlbedienung (Überdrehen des Motors).

Bei vollautomatischen Systemen sind Getriebe und auch Anfahrelement automatisiert. Ein Hebel- oder Tastenschalter bildet das Bedienelement für den Fahrer. Mit einer Manuell-Stellung oder ±-Tasten kann der Fahrer die Automatik überspielen.

Um ein vielgängiges Getriebe automatisch zu steuern, bedarf es einer komplexen Schaltstrategie. Es genügt nicht, die Gänge nach festen Schaltmustern einzulegen. Um die Kriterien Fahrbarkeit und Kraftstoffökonomie aufeinander abzustimmen, ist der aktuelle Fahrwiderstand (bestimmt durch Beladung und Straßenprofil) zu berücksichtigen. Diese Aufgabe sowie die Anpassung der Drehzahl bei den Schaltvorgängen (Synchronisation) übernimmt die Getriebesteuerung. Hierzu wird die Drehzahl des Motors von der elektronischen Motorleistungsregelung (EDC oder EGAS) auf die von der Getriebeelektronik über den Datenkommunikationsbus angeforderte Drehzahl eingeregelt. Dadurch können mechanische Synchronisierungen im Getriebe ganz oder teilweise entfallen. Vorteile sind:
  Verbrauchsoptimiertes Fahren durch eine computergesteuerte automatische Schaltung,
  Fahrerentlastung,
  Gewicht- und Bauraumreduzierung,
  hohe Sicherheit für Fahrer und Fahrzeug.

Lastschalt-Automatgetriebe

Lastschalt-Automatgetriebe übernehmen das Anfahren, die Auswahl der Übersetzungen und die Gangschaltung selbsttätig. Als Anfahrelement dient überwiegend ein hydrodynamischer Drehmomentwandler, der in der Regel eine mechanische Überbrückungskupplung besitzt. Alternativ werden auch nasslaufende Lamellenkupplungen zum Anfahren verwendet.

Prinzipbedingt ist der Übertragungswir-

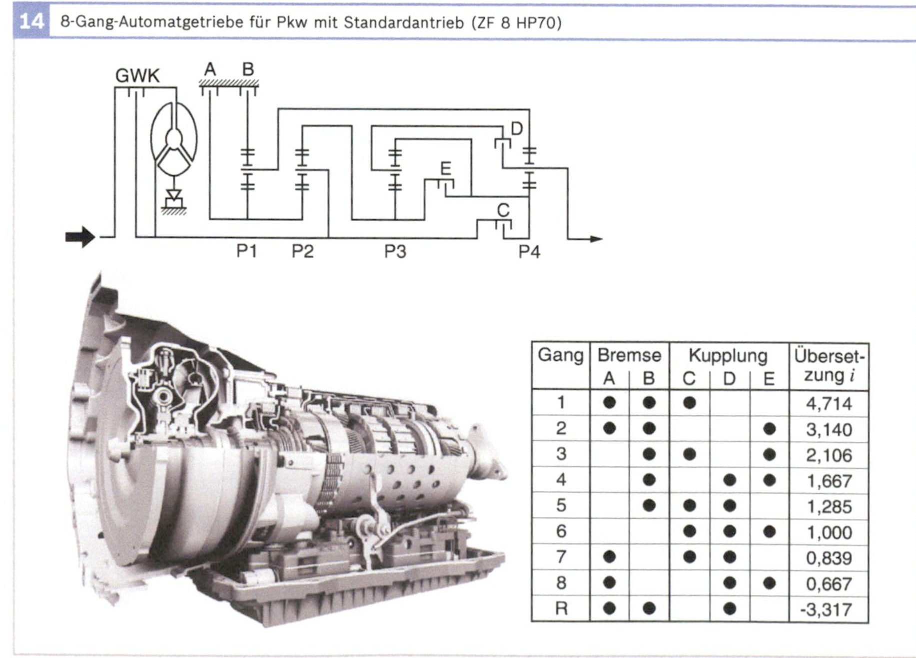

Gang	Bremse		Kupplung			Übersetzung i
	A	B	C	D	E	
1	●	●	●			4,714
2	●	●			●	3,140
3		●	●		●	2,106
4		●		●	●	1,667
5		●	●	●		1,285
6			●	●	●	1,000
7	●		●	●		0,839
8	●			●	●	0,667
R	●	●		●		-3,317

kungsgrad von Lastschalt-Automatgetrieben etwas ungünstiger als der von Handschaltgetrieben und automatisierten Getrieben. Dieser Nachteil wird aber durch Schaltprogramme kompensiert, die den Motor in verbrauchsgünstigen Bereichen betreiben.

Die den Lastschalt-Automatgetrieben (**Bild 14**) gemeinsamen Bauelemente sind:
▶ Motorgetriebene Ölpumpe zur Ölversorgung der Schaltelemente und der Getriebesteuerung sowie für das Anfahrelement, die Getriebeschmierung und die Kühlung.
▶ Öldruckbetätigte Lamellenkupplungen, Lamellen- oder Bandbremsen zur Durchführung der Gangwechsel ohne Unterbrechung der Zugkraft.
▶ Getriebesteuerung zur Definition von Gang und Schaltzeitpunkt sowie zur Durchführung der Lastschaltung, abhängig von Schaltprogrammwahl des Fahrers (Wählhebel, Tippschalter), Fahrpedalstellung, Motorzustand und Fahrgeschwindigkeit. Die Getriebesteuerung arbeitet elektronisch-hydraulisch.

Wandler-Automatgetriebe mit hydrodynamischem Drehmomentwandler

Wandler-Automatgetriebe haben einen hydrodynamischen Drehmomentwandler (bei Pkw-Getrieben ausschließlich, bei Nfz-Getrieben überwiegend nach dem Trilok-Prinzip) zum Anfahren, zur Drehmomentsteigerung und zur Schwingungsdämpfung. Dem hydrodynamischen Wandler sind mehrere Sätze von Planetengetrieben nachgeordnet. Die Anzahl und die Anordnung der Planetensätze richten sich nach der Gangzahl und den Übersetzungen.

Pkw-Wandler-Automatgetriebe haben bis zu acht Gänge. Der mechanische Übersetzungsbereich liegt bei ca. 3,5 bei 4-Gang-Getrieben, ca. 5 bei 5-Gang-Getrieben, ca. 6 bei 6- und 7-Gang-Getrieben und ca. 7 bei 8-Gang-Getrieben. Die Anfahrwandlung des hydrodynamischen Wandlers reicht von 1,7 bis 2,5. Nfz-Wandler-Automatgetriebe haben drei bis sechs Gänge. Der mechanische Übersetzungsbereich reicht von 2

bis 8. Häufig besitzen diese Systeme primär- oder sekundärseitig integrierte hydrodynamische Retarder, die die im Getriebe ohnehin vorhandenen Elemente Ölpumpe, Ölsumpf und Ölkühler mitbenutzen können.

Doppelkupplungsgetriebe

Als Alternative zu den Wandler-Automatgetrieben werden bei Fahrzeugen mit Frontantrieb und bei sportlichen Fahrzeugen zunehmend auch Doppelkupplungsgetriebe eingesetzt (**Bild 16**). Doppelkupplungsgetriebe haben zwei antriebsseitig angeordnete Lamellenkupplungen für die Durchführung der Lastschaltung und für das Anfahren. Jede Kupplung ist mit jeweils einem synchronisierten Vorgelege-Getriebe verbunden, wobei ein Teilgetriebe die geradzahligen Gänge übernimmt und das andere die ungeraden (**Bild 15**). Beide Teilgetriebe werden ineinander verschachtelt aufgebaut. Für die Schaltung wird im gerade nicht leistungsführenden Teilgetriebe der nächste Gang vorgewählt, mit nachfolgender Lastübernahme vom anderen Teilgetriebe.

Im Vergleich zu Wandler-Automatgetrieben haben Doppelkupplungsgetriebe den Vorteil, dass sie für maximale Motordrehzahlen oberhalb ca. 6 500…7 000 min^{-1} geeignet sind. Darüber hinaus können Doppelkupplungsgetriebe bedingt durch ihre Vorgelegebauweise Vorteile abhängig von

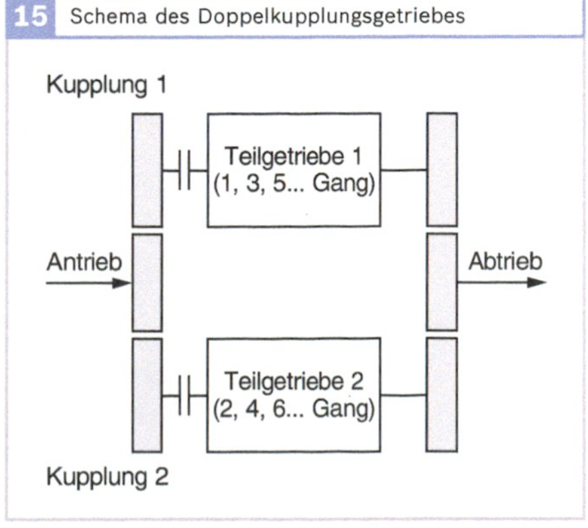

15 Schema des Doppelkupplungsgetriebes

der Antriebskonfiguration haben (Gewicht, Bauraum).

In Serie eingeführt sind mittlerweile Getriebe mit sechs und sieben Gängen. Dabei sind in der Regel die beiden Kupplungen nass ausgeführt. Zur Reduktion der Schleppverluste der jeweils geöffneten Kupplung ist auch eine Ausführung mit Trockenkupplung und elektromechanischer Betätigung in Serie eingeführt.

Elektronische Getriebesteuerung

Zur Steuerung von automatisierten Getrieben werden heute fast ausschließlich elektronisch angesteuerte Hydraulik-Systeme eingesetzt. Dabei verbleibt der Hydraulik die Leistungsansteuerung der Kupplungen, während die Elektronik die Gangwahl, den Schaltablauf und die Anpassung der Kupplungsdrücke an das zu übertragende Moment vornimmt. Die Vorteile sind:

▶ Mehrere Schaltprogramme einschließlich adaptiver Fahrfunktionen,
▶ ein besserer und über die Lebensdauer konstanter Schaltkomfort,
▶ eine flexible Anpassung an unterschiedliche Fahrzeugtypen,
▶ eine vereinfachte Hydrauliksteuerung.

Sensoren erfassen die Getriebeabtriebs- und die Getriebeeingangsdrehzahl, die Wählhebelposition sowie die Stellungen des Programm- und des Kickdown-Schalters. Die Informationen zum Motor (Drehzahl, Fahrerwunsch und Motormoment) werden über den CAN-Bus übertragen. Das Steuergerät verarbeitet diese Informationen nach einem vorgegebenen Programm und bestimmt daraus die an das Getriebe auszugebenden Größen. Die Schnittstelle zwischen Elektronik und Hydraulik bilden elektrohydraulische Wandler. Einfache Magnetventile schalten Kupplungen zu oder ab. Zur genauen Einstellung des Drucks an den Kupplungen kommen Druckregler zum Einsatz.

Schaltpunktsteuerung

In Abhängigkeit von Getriebeabtriebsdrehzahl und Fahrerwunsch erfolgt die Auswahl des einzulegenden Gangs durch die Ansteuerung von Magnetventilen. Der Fahrer kann entweder zwischen verschiedenen Fahrprogrammen wählen (z. B. für verbrauchs- oder leistungsoptimales Fahren) oder es ist ein adaptives Fahrprogramm implementiert, das aus Fahrsituation und

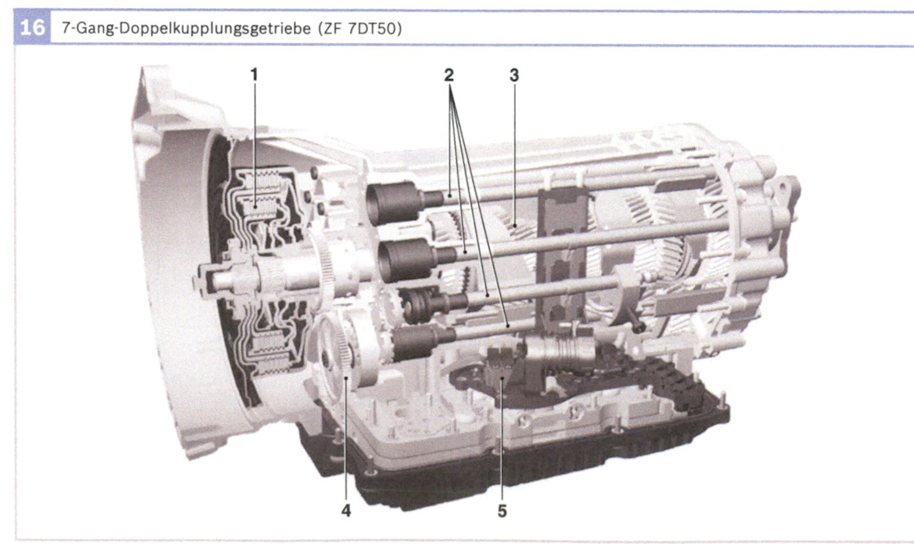

16 7-Gang-Doppelkupplungsgetriebe (ZF 7DT50)

Bild 16

1 Nasse Doppelkupplung
2 Schaltschienen für Synchronisierung
3 7-Ganggetriebe in Vorgelegebauweise
4 Antrieb Ölpumpe
5 elektrohydraulische Getriebesteuerung

Fahrertyp den optimalen Gang wählt Der Wählhebel gestattet außerdem ein manuelles Beeinflussen des Getriebes. Zur Fahrsituationserkennung gehören Größen wie Längsbeschleunigung, Querbeschleunigung und daraus resultierend eine Berg- oder eine Kurvenerkennung. Die Geschwindigkeit der Betätigung des Fahrpedals und die Anzahl der Kickdown-Betätigungen in einer bestimmten Zeit oder die Häufigkeit der Bremspedalbetätigung dienen der Fahrertyperkennung. Ein komplexes Steuerprogramm wählt einen der jeweiligen Fahrsituation und den Fahrergewohnheiten optimal angepassten Gang. Das heißt, es unterdrückt Hochschaltungen bei schnellem Gaswegnehmen vor Kurven, verhindert das Schalten in der Kurve und wählt bei sanft betätigtem Gaspedal ohne manuellen Eingriff ein Fahrprogramm, das bei niedrigen Drehzahlen hoch schaltet.

Weitgehende Verbreitung haben Konzepte gefunden, die den hohen Fahrkomfort dieser „intelligenten" Schaltprogramme mit den Möglichkeiten der individuellen aktiven Beeinflussung kombinieren. Die Wählhebel dieser Systeme verfügen dazu neben den üblichen Positionen für Neutral, Vorwärts- und Rückwärtsfahrt über eine zweite Parallelgasse, in der ein einfaches Antippen des Wählhebels den sofortigen Gangwechsel auslöst (sofern keine Drehzahlgrenzen überschritten werden). Alternativlösungen dazu sind Paddel oder ±-Taster am Lenkrad.

Wandlerüberbrückung (bei Stufenautomaten und stufenlosen Getrieben)
Eine mechanische Überbrückung kann den Schlupf des Drehmomentwandlers beseitigen und somit den Wirkungsgrad des Getriebes verbessern. Die Ansteuerung der Wandlerkupplung erfolgt in Abhängigkeit von der Motorlast und der Getriebeabtriebsdrehzahl sowie dem Zustand der Getriebes.

Schaltqualitätssteuerung
Die genaue Anpassung des Drucks in den Reibelementen der Kupplungen an das zu übertragende Moment (berechnet aus Lastzustand und Drehzahl des Motors) beeinflusst maßgebend die Schaltqualität. Ein Druckregler stellt den Druck ein. Eine weitere Verbesserung der Schaltqualität bewirkt die kurzzeitige Verringerung des Motormoments während der Schaltvorgänge (z. B. beim Ottomotor durch eine Spätverstellung der Zündung). Diese Maßnahme reduziert außerdem die Verlustarbeit in den Kupplungen und erhöht damit die Lebensdauer. Damit über die Lebensdauer des Getriebes eine konstante Schaltqualität vorhanden ist, werden die entscheidenden Parameter wie Füllzeit und Schleifzeit der Kupplungen permanent überwacht. Bei Abweichungen von vorgegebenen Grenzen erfolgen Druckkorrekturen im System, um dann bei der nächsten Schaltung wieder einen optimalen Zeitverlauf zu erhalten.

Sicherheitsstrategie
Überwachungsschaltungen und Funktionen verhindern Beschädigungen des Getriebes durch Fehlbedienung. Bei Störungen des elektrischen Systems geht die Anlage in einen betriebssicheren Zustand mit Notfahreigenschaften über.

Stellglieder
Die Schnittstelle zwischen Elektronik und Hydraulik bilden elektrohydraulische Wandler wie Magnetventile und Druckregler. Bei automatisierten Handschaltern mit elektromechanischer Steuerung werden als Stellglieder Elektromotoren verwendet.

Stufenlose Getriebe

Stufenlose Getriebe (CVT, Continuously Variable Transmission) können jeden Motorbetriebspunkt in eine Betriebslinie und jede Motorbetriebslinie in ein Betriebsfeld des Fahrkennfeldes wandeln. Damit lassen sich sowohl Vorteile in der Fahrleistung als auch im Kraftstoffverbrauch und bei der Abgasemission gegenüber Stufengetrieben erzielen (z. B. bei Motorbetrieb auf seiner Betriebslinie des günstigsten spezifischen Kraftstoffverbrauchs).

Stufenlose Getriebe können entweder mechanisch, hydraulisch oder elektrisch ausgeführt sein. Für Pkw wurden bisher nur mechanische Lösungen realisiert, und zwar insbesondere als Umschlingungstrieb und zeitweise in Japan auch als Wälzgetriebe in Toroid-Ausführung.

Die Umschlingungsgetriebe haben über Öldruck axial verschiebbare Kegelscheibenhälften. Als Umschlingungselement zur Kraftübertragung kommen unter Öl laufend entweder ein Schubgliederband oder eine Laschenkette zum Einsatz. Durch Axialverschiebung der Kegelscheiben ändern sich die Laufradien des Um-

schlingungselements und damit die Übersetzung (**Bild 17**).

Diese Getriebeart eignet sich besonders für Fahrzeuge mit Frontantrieb und Motor in Quer- oder Längsanordnung. Der Getriebeübersetzungsbereich liegt bei 5,5 bis 6. In Serie sind heute Getriebe für Motordrehmomente bis in den Bereich von 300…350 Nm.

Neben dem Kegelscheibensatz und dem Umschlingungselement sind folgende Baugruppen für die mechanischen stufenlosen Getrieben wesentlich:
- ▶ Eine nasse Anfahrkupplung oder ein hydrodynamischer Wandler als Anfahrelement,
- ▶ eine motorgetriebene Ölpumpe,
- ▶ eine elektronisch-hydraulische Getriebesteuerung,
- ▶ eine Wendestufe für die Vorwärts-Rückwärts-Umschaltung,
- ▶ Achsantrieb mit Differential.

Die elektrische Kraftübertragung in Fahrzeugen wird in Verbindung mit dem Hybridantrieb an Bedeutung gewinnen. Im Pkw mit Hybridantrieb sind die ersten elektrisch-mechanisch leistungsverzweigten Getriebe in Serie. Auch in Stadt-

17 Stufenloses Pkw-Getriebe (ZF CFT23)

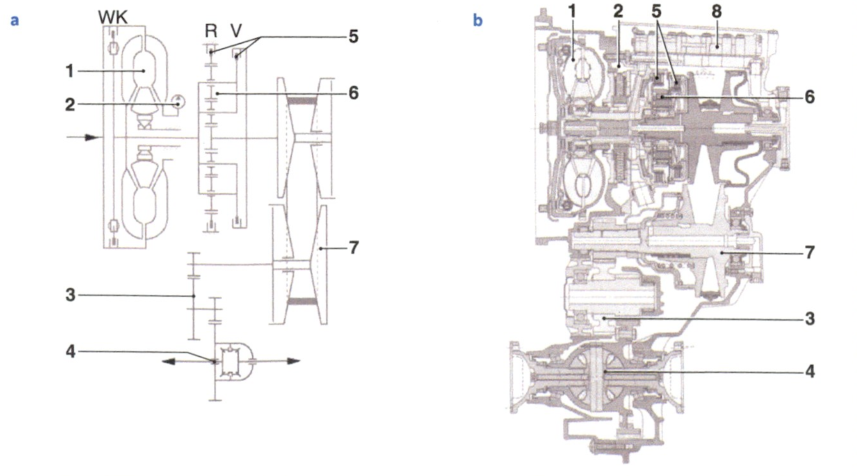

Bild 17
a) Schema
b) Aufbau
1 Wandler
2 Pumpe
3 Konstantübersetzung
4 Differential
5 Schaltelemente
6 Wendesatz
7 Kegelscheibensatz
8 elektrohydraulische Getriebesteuerung
WK Wandlerüberbrückungskupplung
R Rückwärts
V Vorwärts

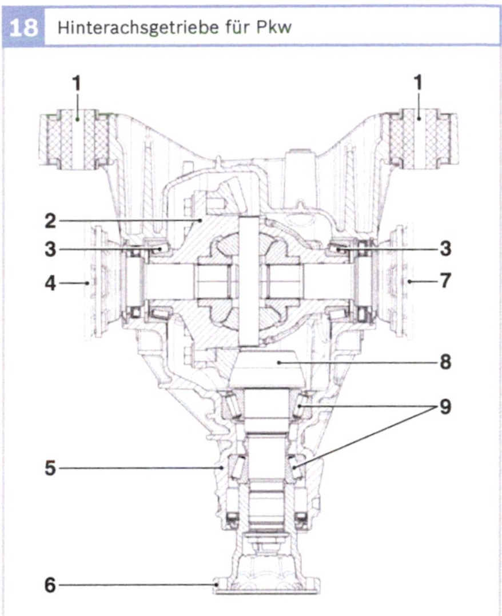

18 Hinterachsgetriebe für Pkw

omnibussen gibt es Lösungen mit elektrischer Kraftübertragung. Sie arbeiten entweder Diesel-elektrisch oder haben ihre Energieversorgung alternativ durch Batterien, eine elektrische Oberleitung und künftig eventuell auch über Brennstoffzellen. Die Vorteile der elektrischen Antriebstechnik im Omnibus sind die aufgelöste Bauweise des gesamten Antriebs, die Möglichkeit für einen Einzelradantrieb und insbesondere die einfache Realisierung der Niederflurtechnik.

Hydrostatisch-mechanisch leistungsverzweigte Getriebe sind in Ackerschleppern in Serie. Für Straßenfahrzeuge ist ihr Einsatz wegen der Geräuschemission nicht zu erwarten.

Achsantrieb

Aufbau und Elemente

Getriebe mit variabler Übersetzung (Schaltgetriebe, Automatgetriebe, stufenlose Getriebe), eventuell auch Zwischengetriebe (Allrad-Verteilergetriebe) und der Achsantrieb bilden im Kraftfahrzeug die Gesamtübersetzung zwischen dem Motor und den angetriebenen Rädern.

Gelenkwellen (ein- oder bei größerer Länge mehrteilig mit Zwischenlagern) überbrücken den Zwischenraum bei räumlicher Trennung von Getriebe und Achsantrieb. Winkelbewegungen durch nichtfluchtende Anschlussachsen gleichen Kardangelenke, Gleichlaufgelenke oder Gelenkscheiben aus.

Kernelement des Pkw-Achsantriebs (**Bild 18**) ist je nach Anordnung des Motors entweder ein Kegelradsatz mit Hypoidverzahnung (bei längs eingebautem Motor) oder ein Stirnradsatz (bei quer eingebautem Motor). Diese Komponenten sind bei Frontantriebsfahrzeugen im Getriebe integriert. Bei Fahrzeugen mit Standardantrieb werden sie separat an der angetriebenen Achse angeordnet.

Ein Achsgetriebe besteht aus den wesentlichen Hauptkomponenten Kegelradsatz (Ritzel und Tellerrad), Differential, Lagerung, An- und Abtriebsflansche und Gehäuse. Die Übersetzung des Achsantriebs liegt i. d. R. zwischen 2,3 und 4,0.

Die kraftschlüssige Verbindung des Tellerrads mit dem Differentialgehäuse wird üblicherweise mit einem Schraubverband erzeugt, die Lagerung von Ritzelwelle und Differential meist mit Kegelrollenlagern ausgeführt. Zur Reduzierung der Körperschallübertragung auf die Karosserie ist das Achsgetriebe über elastische Elemente (Gummilager) mit der Fahrzeugstruktur verbunden.

Neben der Drehmomentübertragungsfähigkeit, dem Wirkungsgrad und dem Gewicht ist das Geräuschverhalten eines Achsgetriebes in der modernen Pkw-Entwicklung mittlerweile zum entscheidenden

Kriterium geworden. Besondere Bedeutung kommt hierbei dem Kegelradsatz als primäre Geräuschquelle zu. Die Geräuschqualität hängt entscheidend vom Herstellverfahren der Verzahnung ab. Die besten Ergebnisse werden durch das Verzahnungsschleifen nach der Wärmebehandlung (Einsatzhärten) erreicht, da damit eine reproduzierbare Zahnflankentopographie besonders gut erzielt werden kann.

In Nutzfahrzeugen werden überwiegend Direktantriebsachsen mit einem Kegeltrieb in Hypoid-Verzahnung eingebaut. Die Übersetzung des Achsantriebs variiert zwischen 3 und 6. Bei hohen Anforderungen an die Laufruhe, z. B. im Omnibus, werden die Kegelräder geschliffen.

Bei Stadtbussen, die heute fast ausschließlich als Niederflurbusse gebaut werden, kommen Portalachsen (**Bild 19**)zum Einbau, die eine sehr niedere Einstiegshöhe ermöglichen. Zusätzlich zum Spiralkegeltrieb ist eine leistungsverzweigte Stirnradstufe als Portaltrieb angebaut. Durch die verzweigte Anordnung lassen sich bei dem begrenzten Portalversatz die geforderten hohen Drehmomente übertragen.

Bei besonderen Anforderungen an die Bodenfreiheit (z. B. Baustellenfahrzeuge) werden Außenplanetenachsen eingesetzt. Mittelantrieb und Achswellen können durch die Aufteilung der Übersetzung kleiner ausgeführt sein; der verfügbare Raum nimmt zu.

Ausgleichsgetriebe

Das Ausgleichsgetriebe gleicht die unterschiedlichen Drehbewegungen der Antriebsräder zwischen kurvenäußerem und kurveninnerem Rad während der Kurvenfahrt aus, zusätzlich beim Allradantrieb zwischen den angetriebenen Achsen (**Bild 20**).

Von Sonderfällen abgesehen, werden Achs-Ausgleichsgetriebe in Kegelradbauweise bevorzugt. Die Ausgleichsräder wirken als Waagebalken und stellen ein Drehmomentgleichgewicht zwischen linkem und rechtem Antriebsrad her. Liegen an den Antriebsrädern Fahrbahnverhältnisse mit unterschiedlichen Reibwerten vor, so ist die übertragbare Vortriebskraft des Fahrzeugs wegen des Waagebalkeneffekts des Ausgleichsgetriebes durch den doppelten Wert der Vortriebskraft des Rades

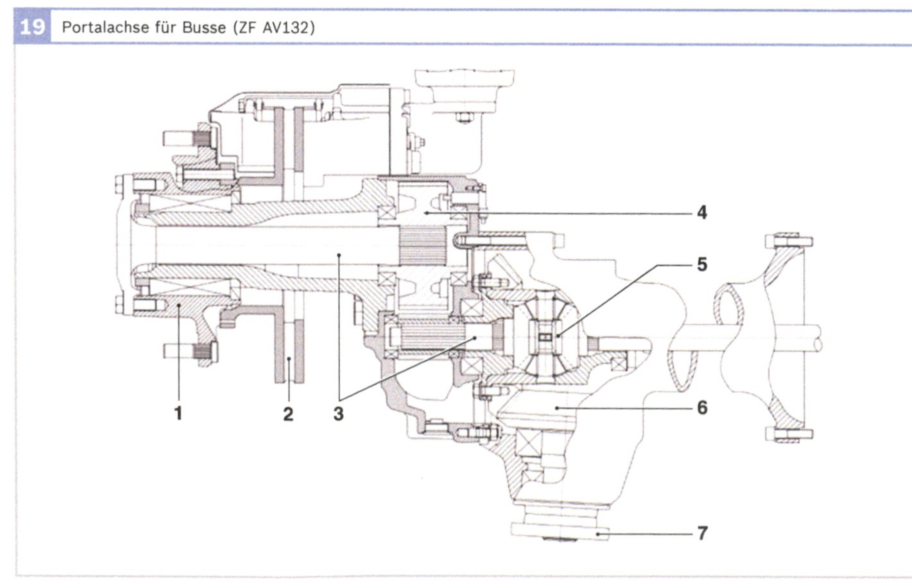

19 Portalachse für Busse (ZF AV132)

Bild 19

1 Radnabe
2 Scheibenbremse
3 Portalversatz
4 leistungsverzweigte
  Stirnstufe
5 Ausgleichsgetriebe
6 Kegelradsatz
7 Antriebsflansch

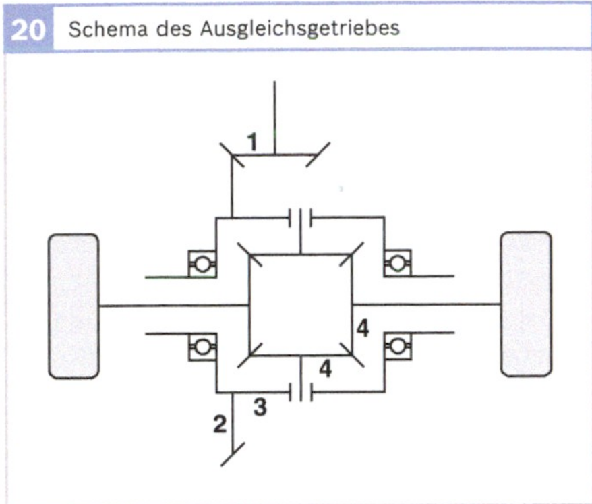

20 Schema des Ausgleichsgetriebes

Bild 20
1 Antriebsritzel
2 Tellerrad
3 Differentialkorb
4 Ausgleichsräder

mit dem niedrigsten Reibwert begrenzt. Bei Antriebsmomentüberschuss dreht dann dieses Rad durch.

Dieser unerwünschte Effekt kann durch form- oder kraftschlüssiges Sperren des Ausgleichsgetriebes abgebaut werden. Formschlüssige Sperren werden vom Fahrer zugeschaltet. Nachteilig ist die Verspannung des Antriebsstrangs bei Kurvenfahrt. Kraftschlüssige Sperren arbeiten selbsttätig mit Reiblamellen, Reibkonus oder der Kombination von Schnecken- und Stirnradpaaren und haben dann eine drehmomentabhängige Sperrwirkung. Die kraftschlüssige Sperrwirkung kann auch mit einer Visco-Kupplung erzeugt werden und ist dann von der Differenzdrehzahlabhängig.

Andere Lösungen erzeugen die kraftschlüssige Sperrwirkung variabel bis zur Vollsperrung mittels elektronisch geregelter Lamellenkupplung.

Die Sperrdifferentiale stehen im Wettbewerb zu elektronischen Systemen, die ein durchdrehendes Rad mit Bremseingriffen halten und so die Leistungsübertragung zum Rad mit guter Haftung gewährleisten (z. B. Antriebsschlupfregelung).

Zur Verbesserung des Fahrverhaltens wird das Ausgleichsgetriebe bei einigen hochwertigen und sportlichen Fahrzeugen mit Torque-Vectoring-Einheiten kombiniert (**Bild 21**). Damit kann das Drehmomentgleichgewicht des Ausgleichsgetriebes über eine elektronische Steuerung gezielt entsprechend der Fahrsituation verändert werden. Bei Kurvenfahrt wird das kurveninnere Rad entlastet und auf das kurvenäußere Rad mehr Drehmoment ausgeübt. Das dadurch erzeugte Giermoment unterstützt die Kurvenfahrt und erhöht die Agilität.

Dazu werden dem Ausgleichsgetriebe pro Radseite je eine Torque-Vectoring-Einheit zugeordnet. Diese sind z. B. als Planetengetriebe mit Stufenplaneten aufgebaut. Auf den Planetenträger kann jeweils durch eine Lamellenbremse ein Bremsmoment ausgeübt werden, das dann das Drehmomentgleichgewicht des Ausgleichsgetriebes im gewünschten Umfang beeinflusst.

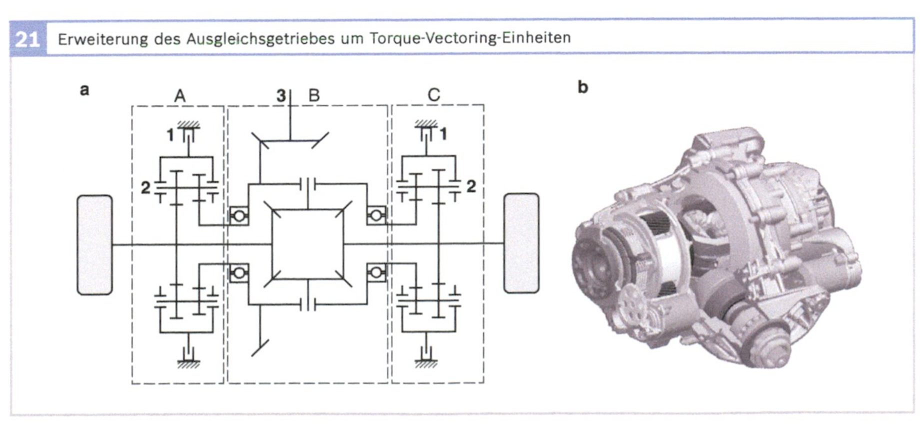

21 Erweiterung des Ausgleichsgetriebes um Torque-Vectoring-Einheiten

Bild 21
a) Schema
b) Aufbau

A Torque-Vectoring-
  Einheit
B Ausgleichsgetriebe
C Torque-Vectoring-
  Einheit

1 Lamellenbremse
2 Planetentrieb
3 Eingang.

Allradantrieb und Verteilergetriebe

Der Allradantrieb verbessert die Traktion von Pkw, Geländewagen und Nutzfahrzeugen insbesondere auf nasser und glatter Fahrbahn sowie im Gelände. Man unterscheidet zwischen zuschaltbarem und permanentem Allradantrieb.

Der zuschaltbare Allradantrieb arbeitet entweder mit starrer Koppelung von Vorder- und Hinterachse oder mit einem Verteilerdifferential. Verteiler- und Achsgetriebe können ebenfalls eine schaltbare Sperre haben. In geländegängigen Fahrzeugen findet man auch eine zusätzliche Übersetzung für geringe Fahrgeschwindigkeit und extreme Steigungen.

Beim permanenten Allradantrieb werden alle Räder ständig angetrieben. Das zentrale Verteilergetriebe ist entweder offen oder über eine drehmomentabhängige Reibkraft, eine Torsensperre oder eine Visco-Kupplung kraftschlüssig gesperrt. Die Drehmomentverteilung zwischen Vorder- und Hinterachse ist entweder 50:50 oder hat einen höheren Anteil an der Hinterachse. Zusätzliche

Kriechgangübersetzungen sind ebenfalls möglich.

Das Allradverteilergetriebe kann als separate Baugruppe an das Fahrzeuggetriebe angebaut werden und ist dann universell für verschiedene Getriebetypen einsetzbar. Wird das Verteilergetriebe in das Fahrzeuggetriebe integriert (**Bild 22**), so ergeben sich Vorteile in Bauraum, Bauaufwand und Gewicht. Allerdings ist die integrierte Lösung nicht universell einsetzbar.

Lösungen mit Visco-Kupplung oder elektronisch geregelter Lamellenkupplung anstelle der zentralen Allrad-Verteilerdifferentiale werden ebenfalls dem permanenten Allradantrieb zugeordnet.

In einigen Fahrzeugen wird auf zusätzliche Sperren des zentralen Allradverteilers oder der Achsdifferentiale verzichtet. Dafür wird ein intelligent gesteuerter Bremseingriff eingesetzt.

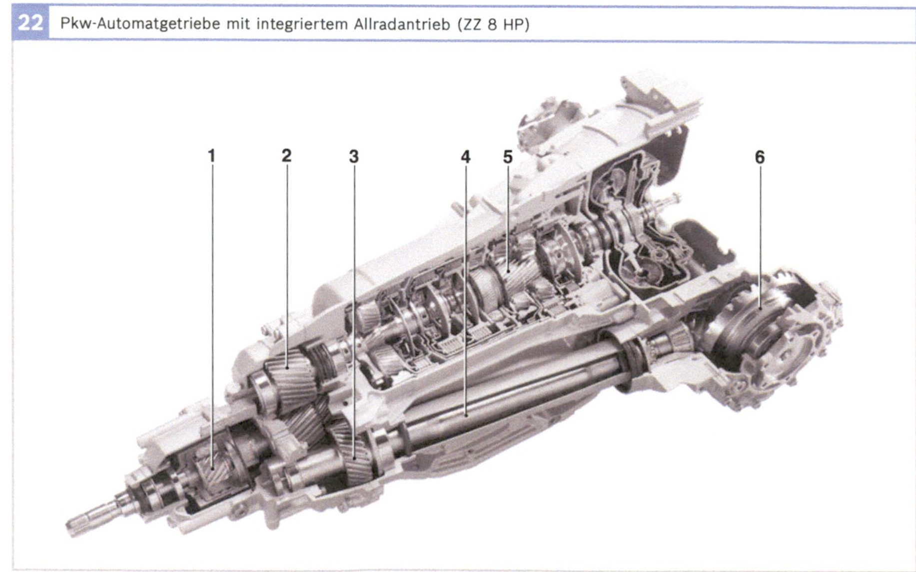

22 Pkw-Automatgetriebe mit integriertem Allradantrieb (ZZ 8 HP)

Bild 22

1 Torsen-Mittendifferential
2 Primär-Stirnrad
3 Beveloidräder für Seitenwellenantrieb
4 Seitenwelle
5 Zentralgetriebe
6 Vorderachsgetriebe mit Differential

springer-vieweg.de

Kompakt, umfassend, kompetent

- Handliches Nachschlagewerk mit kompakten Beiträgen
- Anschauliche Erklärungen mit aussagekräftigen Bildern
- Die Themen Werkstoffe, Kühlung, Räder, Reifen, Pkw-Bremssysteme, Starterbatterien, EMV und Sensoren sind komplett überarbeitet.
- Neue Themen sind Technische Optik, Ansaugluftsysteme, Starthilfssysteme für Nutzfahrzeuge, Aerodynamik, Batterien und Bordnetze für Hybridfahrzeuge, Steuergeräte und Systeme für die Fahrerassistenz.
- Herstellerunabhängige Darstellung aller wesentlichen Fachgebiete·rund ums Kfz

Robert Bosch GmbH
Kraftfahrtechnisches Taschenbuch
28., überarb. u. erw. Aufl. 2014.
1550 S. 1450 Abb. Br.
€ (D) 49,90 | € (A) 51,30 |
*sFr 62,50
ISBN 978-3-658-03800-7

Jetzt bestellen

€ (D) sind gebundene Ladenpreise in Deutschland und enthalten 7% MwSt. € (A) sind gebundene Ladenpreise in Österreich und enthalten 10% MwSt.
Die mit * gekennzeichneten Preise sind unverbindliche Preisempfehlungen und enthalten die landesübliche MwSt. Preisänderungen und Irrtümer vorbehalten.

A09803

Getriebe für Kraftfahrzeuge

Jeder Antriebsmotor eines Kraftfahrzeugs arbeitet in einem bestimmten Drehzahlbereich, begrenzt durch die Leerlauf- und Maximaldrehzahl. Leistung und Drehmoment werden nicht gleichmäßig angeboten, und die Maximalwerte stehen nur in Teilbereichen zur Verfügung.

Die Getriebe wandeln deshalb das Motordrehmoment und die Motordrehzahl entsprechend dem Zugkraftbedarf des Fahrzeugs, sodass die Leistung annähernd konstant bleibt. Sie ermöglichen außerdem die für die Vorwärts- und Rückwärtsfahrt unterschiedlichen Drehrichtungen.

Getriebe im Triebstrang

Verbrennungsmotoren haben keinen konstanten Drehmoment- und Leistungsverlauf über den ihnen zur Verfügung stehenden Drehzahlbereich (Leerlauf- bis Höchstdrehzahl). Der optimale „elastische" Drehzahlbereich liegt zwischen höchstem Drehmoment und höchster Leistung (Bild 1). Ein Fahrzeug kann daher auch nicht aus dem Motorstillstand heraus starten. Es benötigt dazu ein Anfahrelement (z. B. Kupplung).

Das zur Verfügung stehende Motormoment reicht außerdem für Steigungen und starke Beschleunigungen nicht aus. Dazu muss eine passende Übersetzung zur Anpassung von Zugkraft und Drehmoment und zur Optimierung des Kraftstoffverbrauchs zur Verfügung stehen.

Des Weiteren haben Motoren nur eine Laufrichtung, sodass sie eine Umschaltung für Vorwärts- und Rückwärtsfahrt benötigen.

Wie Bild 2 zeigt, befindet sich das Getriebe in zentraler Position des Antriebsstrangs und beeinflusst damit auch maßgeblich dessen Effektivität.

Auch bei einer Betrachtung der anfallenden Verluste im Antriebsstrang stellt sich heraus, dass nach dem Motor das Getriebe die meisten Optimierungsmöglichkeiten bietet (Bild 3).

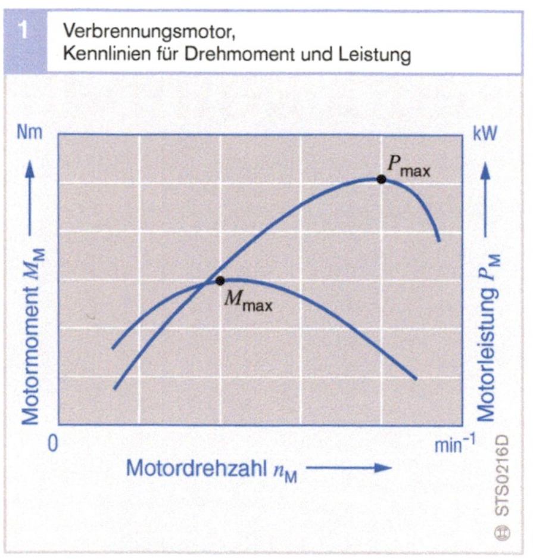

1 Verbrennungsmotor, Kennlinien für Drehmoment und Leistung

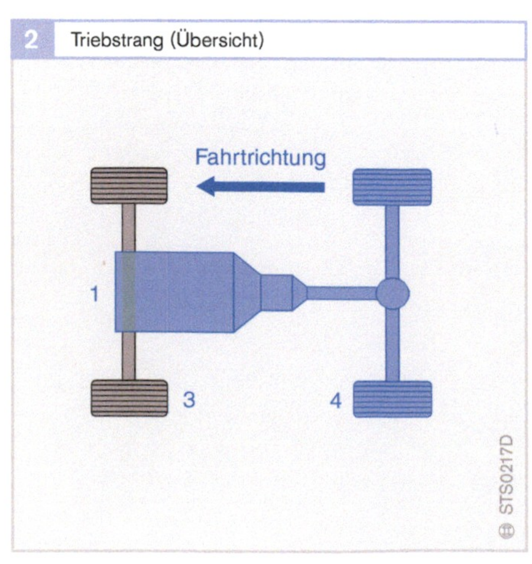

2 Triebstrang (Übersicht)

Bild 2
1 Motor
2 Getriebe
3 Vorderachse
4 Hinterachse mit Ausgleichsgetriebe (Abtrieb)

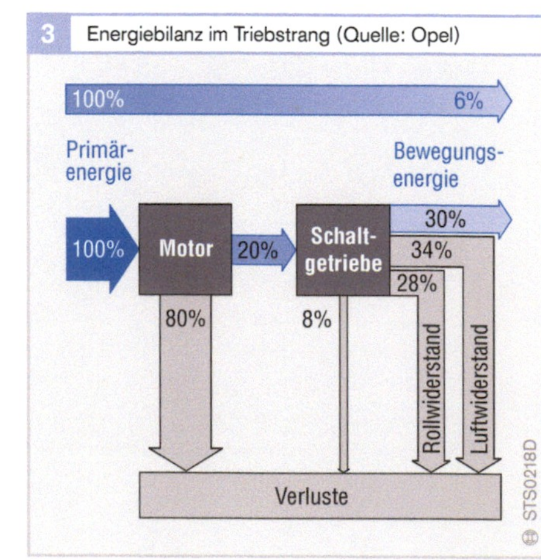

3 Energiebilanz im Triebstrang (Quelle: Opel)

Benz-Patent-Motorwagen 1886 mit Riemen- und Kettenantrieb

Als Daimler, Maybach und Benz ihre ersten Straßenfahrzeuge zum Laufen brachten, hatten Pioniere der Antriebstechnik die dafür notwendigen Maschinenelemente zur Kraftübertragung bereits beachtlich entwickelt. Dabei spielten Namen wie z. B. Leonardo da Vinci, Dürer, Galileo, Hooke, Bernoulli, Euler, Grashof und Bach eine wichtige Rolle.

Eine Kraftübertragung im Automobil muss die Funktionen des Anfahrens sowie der Drehzahl- und Drehmomentwandlung für das Vorwärts- und Rückwärtsfahren gewährleisten. Dafür sind Stellglieder und Schaltelemente erforderlich, die in den Leistungsfluss eingreifen und die Wandlung vornehmen.

Der erste fahrbereite Benz-Patent-Motorwagen stand im Jahr 1886 auf den Rädern. Es war das *erste Dreiradfahrzeug,* das in seiner Gesamtheit speziell für den motorisierten Straßenverkehr konzipiert war. Es verfügte wohl über einen Gang, aber über keine Anfahrkupplung. Und um überhaupt zum Laufen zu kommen, musste der Wagen angeschoben oder mit dem Schwungrad von Hand angeworfen werden.

Ein Einzylinder-Viertaktmotor mit einem Hubraum von 984 cm³ und einer Leistung von 0,88 PS (0,65 kW) diente als Antriebsaggregat dieses Dreiradfahrzeugs von Benz.

Um die Antriebskraft seines Motors auf die Straße zu bringen, benutzte Benz folgende Maschinenelemente:

Das Ende der Kurbelwelle des Motors trug das Schwungrad, das für einen gleichmäßigeren Lauf des Motors sorgte und mit dem der Motor auch angeworfen werden konnte. Da der Motor liegend über der Hinterachse angeordnet war, lenkte ein rechtwinklig angeordnetes Kegelradgetriebe die Kraftübertragung auf kleinem Raum zu einem Riementrieb um, der die Drehzahl geringfügig auf eine Zwischenwelle untersetzte. Die weitere Untersetzung zur Antriebsachse übernahm schließlich ein Kettentrieb.

Der Riemen- und Kettenantrieb aus den Anfängen des Automobils wurde allmählich vom Zahnradgetriebe abgelöst. Aber er erlebt in unseren Tagen mit dem stufenlosen Umschlingungsgetriebe (CVT) eine neue Anwendung. Das CVT-Getriebe besteht aus einem Variator mit zwei Kegelscheiben und einem flexiblen Stahlgliederband. Sobald der Druck des Getriebeöls die beweglichen Kegelscheibenhälften verschiebt, ändert sich die Lage des Stahlgliederbandes zwischen den beiden Kegelscheiben und damit auch die Übersetzung. Diese Technik ermöglicht eine kontinuierliche Verstellung des Übersetzungsverhältnisses ohne Unterbrechung der Kraftübertragung sowie den Betrieb des Motors in seinem günstigsten Leistungsbereich.

▶ Benz-Patent-Motorwagen von 1886 mit seinen Maschinenelementen (Quelle: DaimlerChrysler Classic)

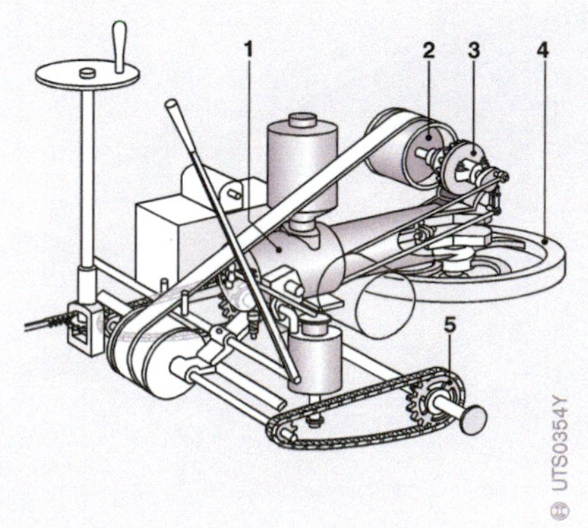

1 Motor
2 Riementrieb zur Zwischenwelle
3 Kegelradgetriebe
4 Kurbelwelle mit Schwungrad
5 Kettentrieb zur Antriebsachse

Anforderungen an Getriebe

Jedes Kraftfahrzeug stellt ganz bestimmte Anforderungen an sein Getriebe. Dementsprechend unterscheiden sich die jeweiligen Getriebeausführungen in ihrem Aufbau und den damit verbundenen Eigenschaften voneinander. Die Zielrichtungen bzw. Schwerpunkte bei der Entwicklung von Getrieben lassen sich gliedern in

- Komfort,
- Kraftstoffverbrauch,
- Fahrbarkeit,
- Bauraum und
- Herstellungskosten.

Komfort

Wichtige Anforderungen an den Komfort sind neben einem ruckfreien Gangwechsel ohne Drehzahlsprünge auch komfortable Schaltungen unabhängig von Motorlast und Betriebsbedingungen sowie ein niedriges Geräuschniveau. Außerdem soll über die gesamte Lebensdauer kein Komfortverlust auftreten.

Kraftstoffverbrauch

Folgende Merkmale eines Getriebes sind Voraussetzung für einen möglichst geringen Kraftstoffverbrauch:

- Hohe Spreizung des Übersetzungsbereichs,
- hoher mechanischer Wirkungsgrad,
- „intelligente" Schaltstrategie,
- geringe Leistung für Steuerung,
- geringes Gewicht sowie
- stand-by control, Wandlerkupplung, geringe Planschverluste (Widerstand des Getriebeöls beim Durchziehen der Zahnräder) usw.

Fahrbarkeit

Folgende Getriebefunktionen gewährleisten eine gute Fahrbarkeit:

- An die jeweilige Fahrsituation angepasste Schaltpunkte,
- Erkennen des Fahrertyps,
- hohes Beschleunigungsvermögen,
- Motorbremswirkung bei Bergabfahrt,
- Unterdrücken des Gangwechsels bei schneller Kurvenfahrt und
- Erkennen von winterlichen Straßenbedingungen.

Bauraum

Je nach Ausführung des Antriebs gibt es unterschiedliche Vorgaben für den verfügbaren Bauraum:

So soll das Getriebe für den Heckantrieb einen möglichst geringen Durchmesser und für den Frontantrieb eine möglichst geringe Baulänge aufweisen. Zudem gibt es genau definierte Vorgaben zum Erfüllen der Anforderungen bei einem „Crash-Test".

Herstellungskosten

Die Voraussetzungen für möglichst geringe Herstellungskosten sind:

- Produktion in hohen Stückzahlen,
- einfacher Aufbau der Steuerung und automatisierbare Montage.

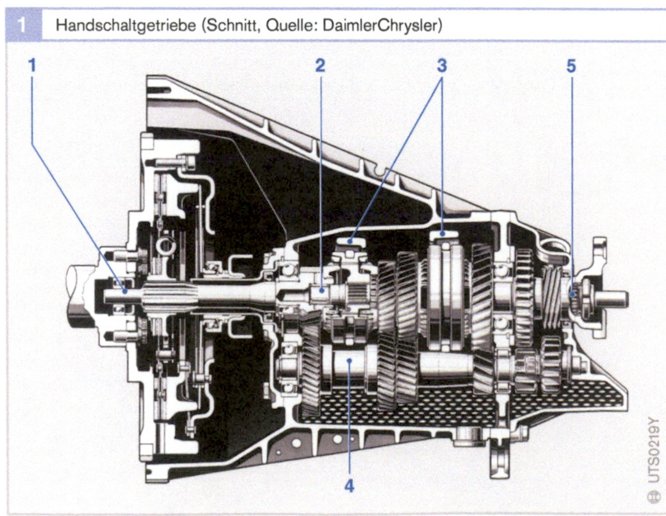

1 Handschaltgetriebe (Schnitt, Quelle: DaimlerChrysler)

Bild 1
1 Antriebswelle
2 Hauptwelle
3 Schaltelemente
4 Vorgelegewelle
5 Abtriebswelle

Handschaltgetriebe

Anwendung

Handschaltgetriebe sind die einfachsten und für den Autofahrer (Endkunden) preiswertesten Getriebe. Sie bestimmen deshalb in Europa immer noch den Markt.

Wegen steigender Motorleistungen und höherer Fahrzeuggewichte bei gleichzeitig sinkenden c_w-Werten lösten seit Beginn der 1980er-Jahre 5-Gang-Handschaltgetriebe die bis dahin dominierenden 4-Gang-Handschaltgetriebe ab. Nun ist das 6-Gang-Getriebe nahezu schon Standard.

Diese Maßnahme ermöglichte einerseits ein sicheres Anfahren und eine gute Beschleunigung und andererseits niedrigere Motordrehzahlen bei höheren Geschwindigkeiten und damit einen geringeren Kraftstoffverbrauch.

Aufbau

Der Aufbau eines Handschaltgetriebes (Bilder 1 und 2) gliedert sich in
- Einscheiben-Trockenkupplung als Anfahrelement und zur Kraftflussunterbrechung bei Gangwechseln,
- Zahnräder, gelagert auf zwei Wellen,
- formschlüssige Kupplungen als Schaltelemente, betätigt über Sperrsynchronisierung.

Eigenschaften

Die wesentlichen Eigenschaften des Handschaltgetriebes sind:
- hoher Wirkungsgrad,
- kompakte, leichte Bauweise,
- kostengünstige Herstellung,
- keine komfortable Bedienung (Kupplungspedal, manuelle Gangwechsel),
- vom Fahrer abhängige Schaltstrategie,
- Zugkraftunterbrechung beim Schaltvorgang.

2   Kraftflussverlauf beim Standardantrieb (5-Gang-Getriebe)

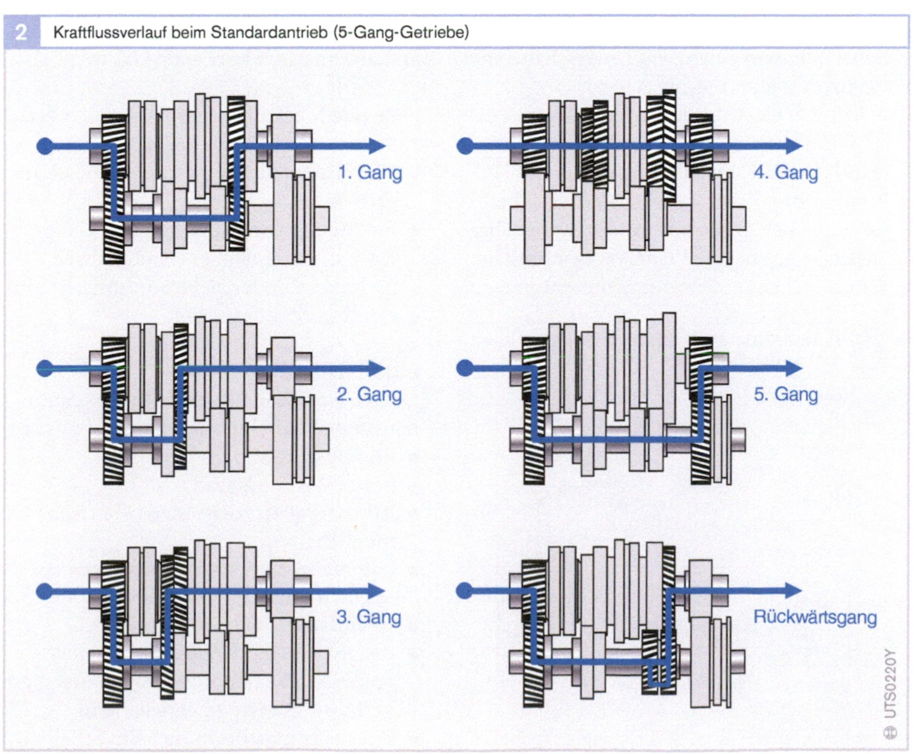

Automatisierte Schaltgetriebe (AST)

Anwendung

Automatisierte Schaltgetriebe (engl.: Automated Shift Transmission [AST] oder auch - Automated Manual Transmission [AMT]) tragen zur Vereinfachung der Getriebebedienung und zur Erhöhung der Wirtschaftlichkeit bei. Sie stellen eine „Add on"-Lösung normaler Handschaltgetriebe dar. Die zuvor manuellen Schaltvorgänge erfolgen nun pneumatisch, hydraulisch oder elektrisch. Bosch favorisiert die nachfolgend beschriebene elektrische Lösung (Bild 1).

Aufbau und Arbeitsweise

Der Realisierung des AST dient ein Elektronisches Kupplungsmanagement (EKM), ergänzt um zwei Stellmotoren (Wähl- und Schaltmotor) für das Wählen und Schalten. Die dafür notwendigen elektrischen Steuersignale können dabei je nach System direkt von einem vom Fahrer betätigten Schalthebel oder von einer zwischengeschalteten Elektroniksteuerung ausgehen.

Mit den elektromotorischen Stellern des AST-Konzepts lässt sich ohne großen Aufwand eine Automatisierung und damit verbunden eine Komfortsteigerung erreichen. Wesentliches Argument für die Getriebehersteller ist hierbei die Weiterverwendung bereits bestehender Fertigungseinrichtungen.

Beim einfachsten System ersetzt eine Fernschaltung lediglich das mechanische Gestänge. Der Schalthebel (Tipphebel oder Schalter mit H-Schaltschema) gibt nur noch elektrische Signale ab. Anfahrvorgang und Kuppeln erfolgen wie beim Handschaltgetriebe, teilweise gekoppelt mit einer Schaltempfehlung.

Bei vollautomatischen Systemen sind Getriebe und Anfahrelement automatisiert. Ein Hebel- oder Tastschalter bildet das Bedienelement für den Fahrer. Mit einer Manuell-Stellung bzw. mit +/–-Tasten kann der Fahrer die Automatik überspielen. Um ein vielgängiges Getriebe automatisch zu steuern, bedarf es einer komplexen Schaltstrategie, die auch den aktuellen Fahrwiderstand berücksichtigt (bestimmt durch Beladung und Straßenprofil).

Zur Unterstützung des Synchronisationsvorgangs bei der Zugkraftunterbrechung während des Schaltens nimmt eine elektronische Motorregelung (je nach Schaltungsart) automatisch kurzzeitig Gas weg.

Folgende Merkmale charakterisieren den Aufbau automatisierter Schaltgetriebe:
- Pinzipieller Aufbau wie bei Handschaltgetrieben,
- Betätigung von Kupplung und Gangwechsel durch Steller (pneumatisch, hydraulisch oder elektromotorisch) und
- elektronische Steuerung.

Eigenschaften

Die wesentlichen Eigenschaften des automatisierten Schaltgetriebes sind:
- Kompakter Aufbau,
- hoher Wirkungsgrad,
- Anpassung an vorhandene Getriebe möglich,
- kostengünstiger als Stufenautomaten oder stufenlose CVT-Getriebe,
- vereinfachte Bedienung,
- geeignete Schaltstrategien, um einen optimalen Kraftstoffverbrauch bzw. beste Verbrauchswerte zu erzielen und
- Zugkraftunterbrechung beim Schalten.

1 Automatisierte Schaltgetriebe als „Add-On"-Lösung für Handschaltgetriebe

Serienbeispiele für AST

AST elektromotorisch

Opel Corsa (Easytronic, Bild 2a),
Ford Fiesta (Dunashift).

AST mit elektromechanischem Schaltwalzengetriebe

Smart.

AST elektrohydraulisch

DaimlerChrysler Sprinter
(Sequentronic, Bild 2b),
BMW-M mit SMG2,
Toyota MR2,
Ford Transit.
VW Lupo,
Ferrari, Alfa,
BMW 325i/330i.

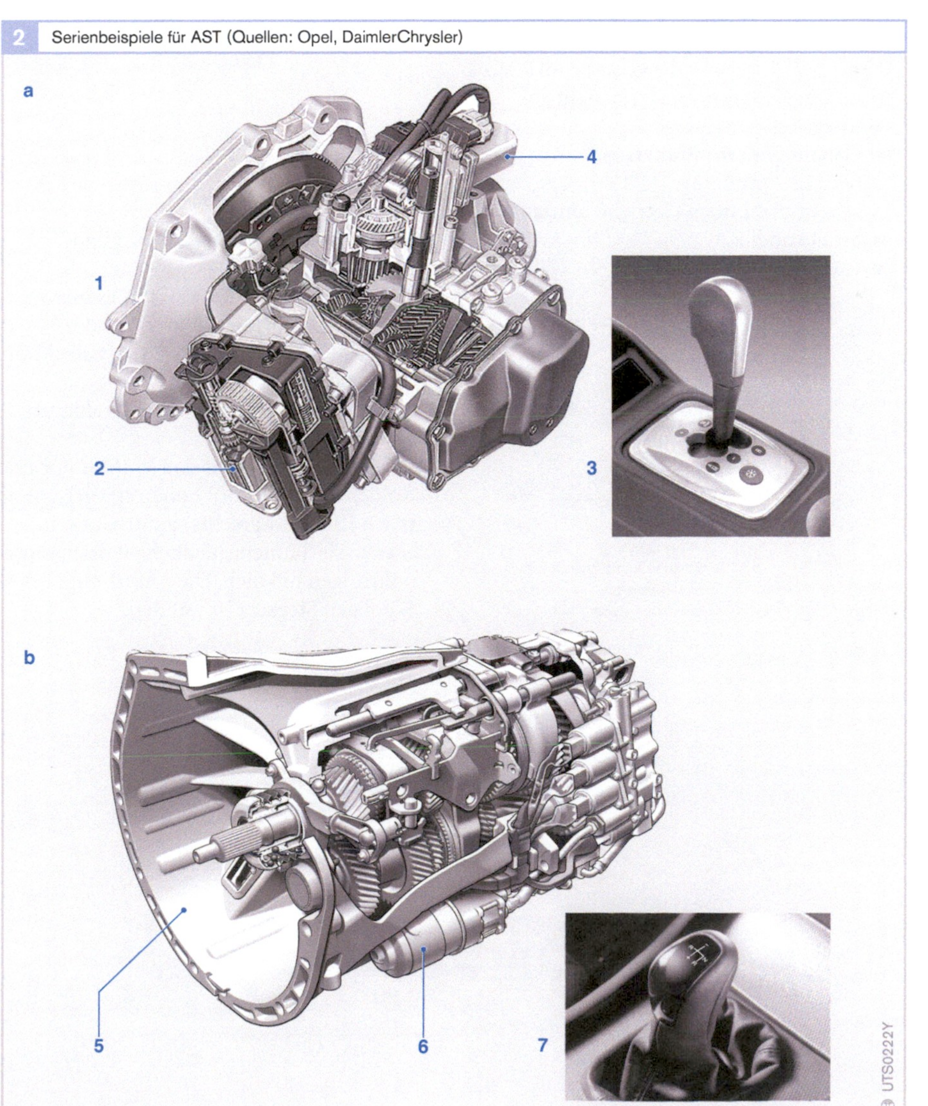

2   Serienbeispiele für AST (Quellen: Opel, DaimlerChrysler)

Bild 2
a   Easytronic
    (Opel Corsa)
b   Sequentronic
    (DaimlerChrysler)
1   Quergetriebe
2   Kupplungssteller
    mit integriertem
    Steuergerät
3   Tipphebel
4   Schalt-/Wählmotor
5   Längsgetriebe
6   Schalt-/Wählmotor
7   Schalthebel

UTS0222Y

AST-Komponenten

Die Komponenten eines AST müssen hohen Beanspruchungen bezüglich Temperatur, Dichtheit, Laufzeit und Vibration standhalten. Die Tabelle 1 führt die wichtigsten Anforderungen auf.

Kupplungssteller

Der Kupplungssteller (Bilder 4 und 5) mit integriertem Steuergerät (Bild 3) dient zur Ansteuerung der Kupplung. Ebenso beinhaltet die Elektronik die gesamte AST-Funktion. Der Kupplungssteller besteht aus

- integriertem Steuergerät,
- Gehäuse mit Kühlfunktion,
- Gleichstrommotor,
- schrägverzahntem Getriebezahnrad,
- Stößel und
- Rückstellfeder.

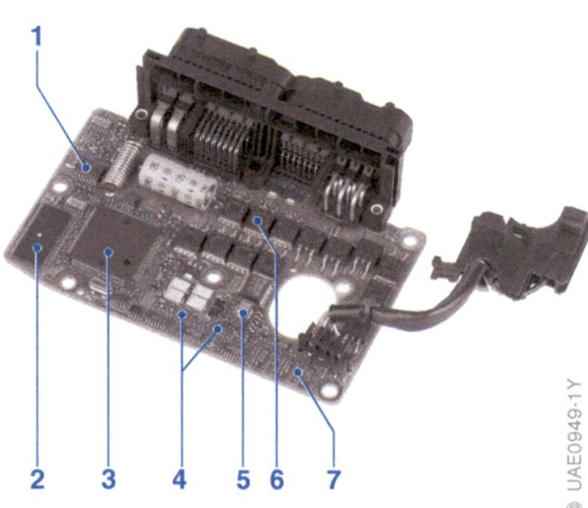

3 | Integriertes Steuergerät (Ansicht)

Bild 3

1 Überwachungsrechner
2 Flash-Speicher
3 Mikrocomputer (16 Bit)
4 Kontakte Wegsensor
5 DC-Wandler
6 Endstufe für Elektromotoren
7 Brückentreiber

DC-Motoren für Gangauswahl und Gang einlegen

Die DC-Motoren für AST gibt es in zwei Ausführungsformen (Bilder 5 und 6):
- Der Wählmotor hat eine kurze Reaktionszeit und
- der Schaltmotor eine hohe Drehkraft.

Die Getriebetypen für den Wählmotor und für den Schaltmotor können spiegelsymmetrisch (links und rechts) aufgebaut sein, ebenso sind unterschiedliche Befestigungsbohrungen möglich. Die Anordnung des 6-poligen Steckers ist wählbar.

1	Anforderungen an die AST-Komponenten	
Temperatur	105 °C dauernd 125 °C kurzzeitig Wicklung und Kommutierungssystem
Dichtheit	Dampfstrahl Schwallwasser Getriebeöl
Lebensdauer	1 Million Schaltzyklen
Vibrationen	7…20 g Sinus Ankerlagerung Elektrische / Elektronische Bauelemente Elektronik-Leiterplatte

Tabelle 1

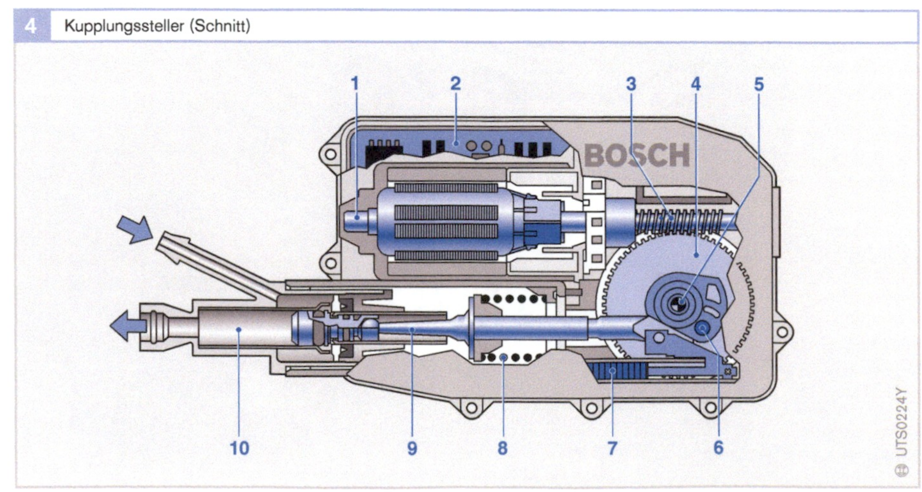

4 | Kupplungssteller (Schnitt)

Bild 4

1 Aktormotor
2 Steuergerät
3 Schnecke
4 Schneckenrad
5 Schneckenradwelle
6 Bolzen
7 Positionssensor
8 Kompensationsfeder
9 Stößel
10 Geberzylinder

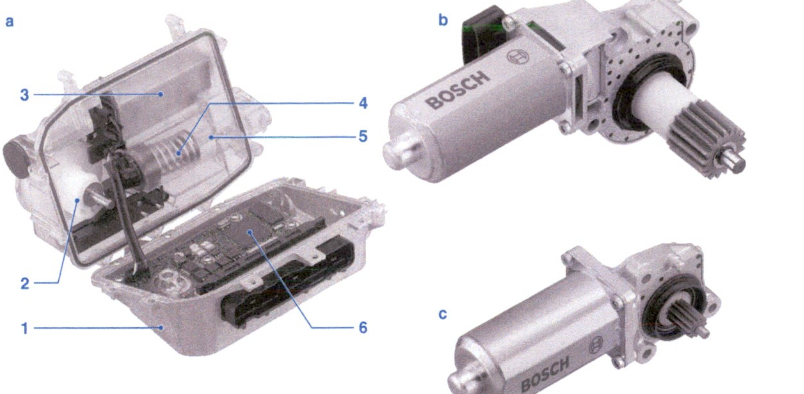

5   Kupplungssteller mit integriertem Steuergerät und DC-Motoren für Gangauswahl und Gang einlegen (Ansicht)

Bild 5
a   Kupplungssteller mit integriertem Steuergerät
b   Schaltmotor
c   Wählmotor

1   Gehäuse mit Kühlfunktion
2   schrägverzahntes Getriebezahnrad
3   Gleichstrommotor
4   Rückstellfeder
5   Stößel
6   Integriertes Steuergerät

Die Motoren mit einem Gehäuse aus Aluminiumspritzguss sind direkt am Getriebe angebaut. Sie verfügen über einen Bürstenhalter mit integriertem Stecker. Dieser enthält auch einen integrierten Doppel-Hall-Sensor (IC), dessen Auflösung 40 Inkremente pro Motorumdrehung beträgt. Ein Hall-Sensor mit Ausgangskanälen für den Rotorwinkel (Querimpuls) und die Richtung (high und low) kann die Position der Ausgangswelle erkennen.

Ein 20-poliger Magnet auf der Rotorwelle ermöglicht eine Auflösung von 9° pro Inkrement. In Bezug zur Getriebeübersetzung lässt sich am Ausgang eine Auflösung zwischen 0,59° pro Inkrement und 0,20° pro Inkrement erreichen. Je nach Anforderung hat das Zahnrad einen Kurbel- oder Exzenterantrieb. Das Schneckengetriebe verfügt über 1 bis 4 Zähne.

EC-Motoren

EC-Motoren sind bürstenlose, permanent erregte elektronisch kommutierte Gleichstrommotoren und werden alternativ zu den DC-Motoren eingesetzt. Sie sind mit einem Rotorpositionssensor versehen, werden über eine Steuer- und Leistungselektronik mit Gleichstrom (Bild 7) versorgt und zeichnen sich durch hohe Lebensdauer und kleinen Bauraum aus.

6   DC-Motor (Schnitt)

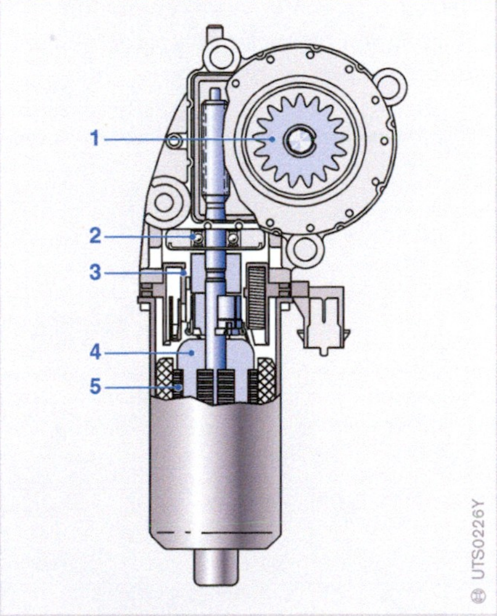

Bild 6
1   Massives Ritzel für Schaltgetriebeeingriff
2   Ankerlager mit aufgepresstem Kugellager (Axialsicherung mit Klemmbrille)
3   20-poliger Ringmagnet und Doppel-Hall-Sensor
4   schüttelfeste Wicklung
5   schlanke Ankerform für hohe Dynamik

7   EC-Motor (Schema)

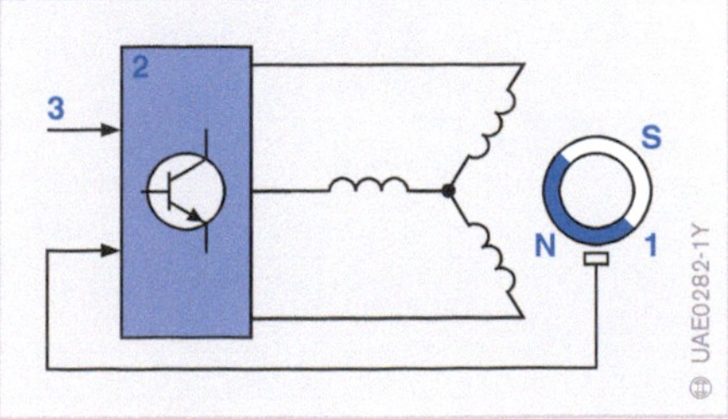

Bild 7
1   Elektrische Maschine mit Rotorpositionssensor
2   Steuer- und Leistungselektronik
3   Stromversorgung

Doppelkupplungsgetriebe (DKG)

Anwendung

Doppelkupplungsgetriebe, DKG (Bild 1), werden als Weiterentwicklung des AST betrachtet. Sie arbeiten ohne Zugkraftunterbrechung, einem Hauptnachteil der AST.

Der Hauptvorteil der DKG liegt in ihrem geringeren Kraftstoffverbrauch gegenüber den automatisierten Schaltgetrieben.

Der erste Einsatz eines Doppelkupplungsgetriebes erfolgte 1992 im Rennsport (Porsche). Wegen des hohen Rechenaufwands in der Steuerung für eine komfortable Überschneidungsschaltung kam es jedoch nicht zum Großserieneinsatz.

Mit der Verfügbarkeit von leistungsfähigen Rechnern arbeiten nun mehrere Hersteller (z. B. VW, Audi) an der Einführung von Doppelkupplungsgetrieben für die Großserie.

Das Anforderungsprofil entspricht in den Punkten „Komfort" und „Funktionalität" dem des Stufenautomaten und hat dementsprechend als Einsatzgebiet die gehobenen Fahrzeugklassen.

Doppelkupplungsgetriebe entsprechen ebenfalls dem Wunsch der Fahrzeughersteller nach modularen Konzepten, bei denen neben dem Handschaltgetriebe auch automatisierte Getriebe über die gleiche Produktionslinie gefertigt werden können.

Aufbau

Folgende Merkmale charakterisieren den Aufbau der Doppelkupplungsgetriebe:
- Prinzipieller Aufbau wie Handschaltgetrieben,
- Zahnräder gelagert auf drei Wellen,
- zwei Kupplungen,
- Betätigung von Kupplung und Schaltelementen über Getriebesteuerung und Aktoren.

---

1 Doppelkupplungsgetriebe, DKG (Schnittbild, Quelle: VW)

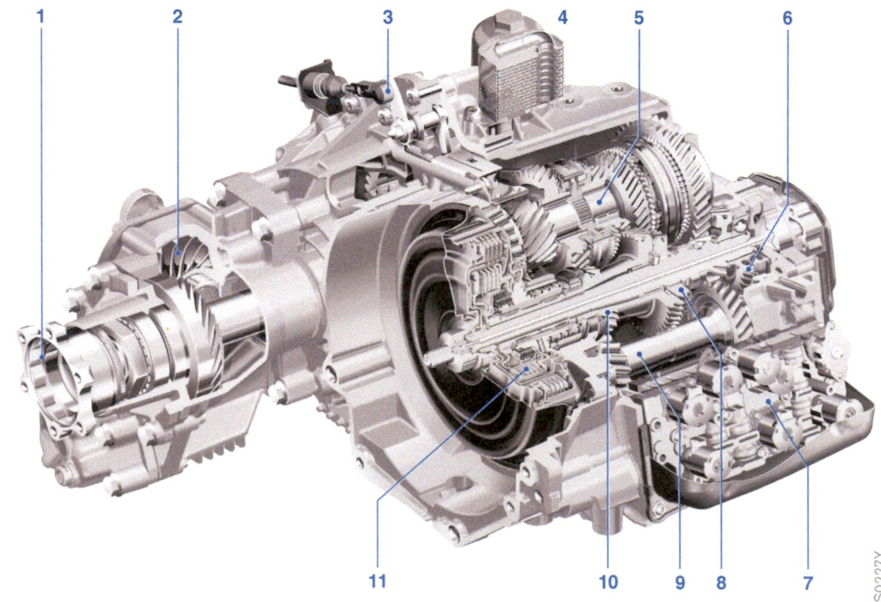

Bild 1

1 Abtrieb für rechtes Vorderrad
2 Kegeltrieb für Hinterachse
3 Parksperre
4 Ölkühler
5 Abtriebswelle 1
6 Eingangswelle 2
7 Mechatronikmodul
8 Antriebswelle für Ölpumpe
9 Rücklaufwelle
10 Eingangswelle 1
11 Doppelkupplung

Arbeitsweise

Das Doppelkupplungsgetriebe funktioniert
wie folgt:

Die den Gangstufen zugeordneten Zahnräder sind in Gruppen von geraden und
ungeraden Gängen getrennt. Obwohl der
Grundanordnung eines herkömmlichen
Vorgelege-Schaltgetriebes ähnlich, besteht
ein entscheidender Unterschied: auch die
Hauptwelle ist geteilt, und zwar in eine Vollwelle und eine umfassende Hohlwelle, gekoppelt jeweils mit einen Zahnradsatz.

Jeder Teilwelle ist am Getriebeeingang eine
eigene Kupplung zugeordnet. Da jetzt beim
Gangwechsel zwei Gänge eingelegt sind
(sowohl der aktive als auch der benachbarte,
vorgewählte Gang), ist damit ist ein schneller Wechsel zwischen den Gängen möglich.
Dadurch kann der Gangwechsel zwischen
den zwei Teilgetrieben, ähnlich wie beim
Stufenautomat, ohne Zugkraftunterbrechung erfolgen (Bild 2).

Eigenschaften

Die wesentlichen Eigenschaften des Doppelkupplungsgetriebes sind:
- Komfort ähnlich wie beim Stufenautomat,
- guter Wirkungsgrad,
- keine Zugkraftunterbrechung beim Schalten,
- Überspringen eines Ganges möglich,
- größerer Bauraum als AST,
- hohe Lagerkräfte, massive Bauweise.

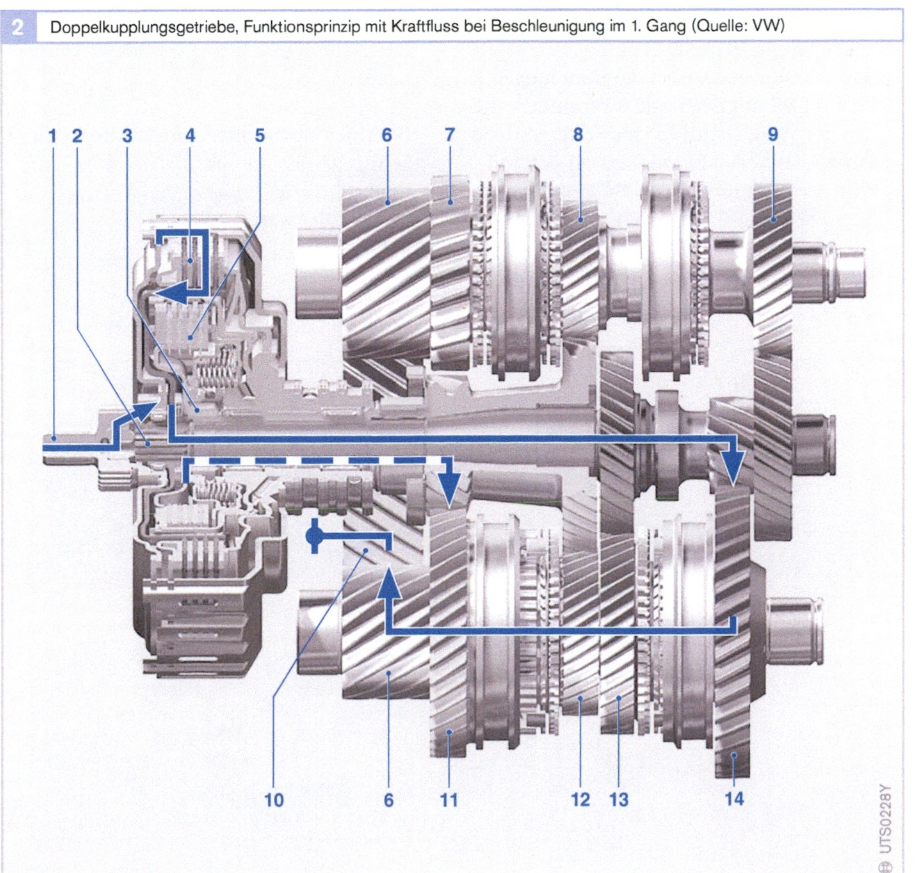

2 Doppelkupplungsgetriebe, Funktionsprinzip mit Kraftfluss bei Beschleunigung im 1. Gang (Quelle: VW)

Bild 2
1 Motorantrieb
2 Eingangswelle 1
3 Eingangswelle 2
4 Kupplung 1 (zu)
5 Kupplung 2 (auf)
6 Abtrieb zum
   Differenzial
7 Rückwärtsgang
8 6. Gang
9 5. Gang
10 Differenzial
11 2. Gang
   (vorgewählt)
12 4. Gang
13 3. Gang
14 1. Gang (aktiv)

Automatische Getriebe (AT)

Anwendung

Automatische Lastschaltgetriebe (Stufen-automaten, engl.: Automatic Transmission, AT) übernehmen das Anfahren, die Auswahl der Übersetzungen und die Gangschaltung selbsttätig. Als Anfahrelement dient ein hydrodynamischer Wandler.

Aufbau und Arbeitsweise

Getriebe mit Ravigneaux-Planetenradsatz

Das als Ravigneaux-Satz bekannte vierwel-lige Planetengetriebe ist die Basis für viele 4-Gang-Automaten. Bild 1 zeigt das Schema, die Schaltlogik und ein Drehzahlleiter-diagramm dieses Getriebes. Das Getriebe-schema verdeutlicht die Anordnung der Zahnräder und Schaltelemente.

Die Sonnenräder B, C und der Planeten-träger S lassen sich über die Kupplungen KB, KC und KS mit der Welle A verbinden, die von der Wandlerturbine ins Schaltgetriebe führt. Die Wellen S und C lassen sich mit-hilfe der Bremsen BS und BC mit dem Getriebegehäuse verbinden.

Ein Planetengetriebe dieser Art hat den kinematischen Freiheitsgrad 2. Das heißt, bei Vorgabe von zwei Drehzahlen liegen alle anderen Drehzahlen fest. Die einzelnen Gänge werden so geschaltet, dass über zwei Schaltelemente die Drehzahlen von zwei Wellen entweder als Antriebsdrehzahl n_{an} oder als Gehäusedrehzahl $n_G = 0$ min^{-1} definiert werden.

Das Drehzahlleiterdiagramm verdeutlicht die Drehzahlverhältnisse im Getriebe. Auf den zu den einzelnen Wellen des Überlage-rungs- bzw. Schaltgetriebes gehörigen Dreh-zahlleitern sind nach oben die Drehzahlen aufgetragen. Die Abstände der Drehzahl-leiter ergeben sich aus den Übersetzungen bzw. Zähnezahlen so, dass sich die zu einem bestimmten Betriebspunkt gehörenden Drehzahlen durch eine Gerade verbinden lassen.

Bei einer bestimmten Antriebsdrehzahl kennzeichnen die fünf Betriebslinien die Drehzahlverhältnisse in vier Vorwärts- und einem Rückwärtsgang.

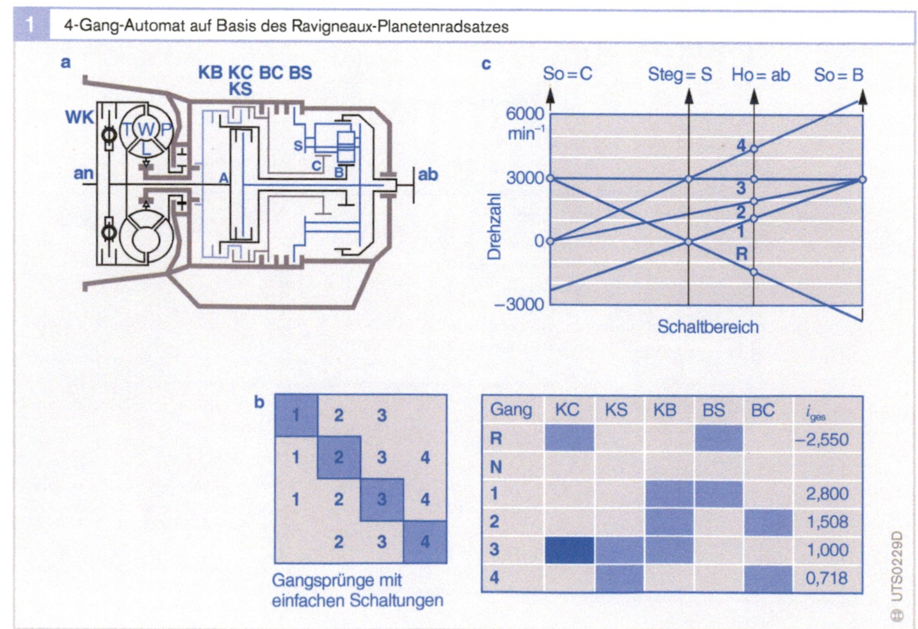

Gang	KC	KS	KB	BS	BC	i_{ges}
R	■			■		−2,550
N						
1			■	■		2,800
2			■		■	1,508
3	■	■	■			1,000
4		■			■	0,718

Bild 1
a   Getriebeschema
b   Schaltlogik
c   Drehzahl-
    leiterdiagramm

Für die verschiedenen Schaltungen stehen nur die drei Wellen B, C und S zwischen der Antriebswelle „an" (entspricht A) und der Abtriebswelle „ab" zur Verfügung. Alle drei Wellen lassen sich mit der Antriebswelle A verbinden, aber konstruktiv lassen sich dann nur noch zwei Wellen mit dem Getriebegehäuse verbinden.

Die gleichzeitige Schaltung von zwei Bremsen ist für Gangschaltungen nicht sinnvoll, da sie das Getriebe blockiert. Ebenso wenig sinnvoll ist das gleichzeitige Verbinden einer Welle mit dem Gehäuse und mit der Antriebswelle. Das gleichzeitige Schalten von zwei Kupplungen führt immer zum direkten Gang ($i = 1$).

Somit verbleiben exakt die in der Schaltlogik und im Drehzahlplan dargestellten fünf Gänge. Über die im Rahmen der Einbaubedingungen möglichen Zähnezahlen hinaus hat der Konstrukteur nur noch die Möglichkeit, die einzelnen Gangübersetzungen zu verändern, wobei immer ein direkter Gang mit $i = 1$ vorgegeben ist.

Schließlich machen es diese Getriebe noch möglich, mit einfachen Schaltungen auch Gänge durch Zuschalten eines Schaltelements und Abschalten eines anderen Schaltelements zu überspringen. Vom 1. Gang aus ist das Schalten in den 2. oder 3. Gang möglich, vom 4. Gang aus in den 3. oder 2. Gang. Vom 2. und 3. Gang aus lassen sich alle anderen Gänge mit einfachen Schaltungen erreichen.

Mehr als vier Vorwärtsgänge sind mit dem Ravigneaux-Satz allerdings nicht schaltbar. Ein Automatikgetriebe mit fünf Gängen benötigt demnach entweder ein anderes Basisgetriebe oder eine Nachschalt- oder Vorschaltstufe zum Erweitern des Ravigneaux-Satzes. Eine solche Erweiterungsstufe benötigt aber mindestens zwei Schaltelemente.

Ein Beispiel dafür ist das Automatikgetriebe 5HP19 von ZF. Es hat drei Kupplungen und vier Bremsen sowie einen Freilauf zur Schaltung von nur fünf Vorwärtsgängen.

Mit Nach- und Vorschaltgruppen lassen sich natürlich auch mehr als 5 Gänge realisieren. Der Schaltaufwand wird dann aber immer größer, und Schaltungen mehrerer Schaltelemente bei einem Gangwechsel lassen sich kaum noch vermeiden.

Getriebe mit Lepelletier-Planetenradsatz

Einen eleganteren Weg zur Schaltung von fünf und mehr Gängen hat der französische Ingenieur Lepelletier gefunden. Er erweiterte den Ravigneaux-Satz um ein Vorschaltgetriebe für nur zwei Wellen des Ravigneaux-Satzes, um diese mit anderen als der Antriebsdrehzahl anzutreiben.

Die Besonderheit des Lepelletier-Planetenradsatzes nach Bild 2 (folgende Seite) besteht darin, dass das zusätzliche dreiwellige Planetengetriebe die Drehzahl der Welle D gegenüber der Drehzahl der Welle A reduziert. In den ersten drei Gängen dieses 6-Gang-Automaten entspricht die Schaltlogik der Logik des 4-Gang-Ravigneaux-Satzes. Die Übersetzungen sind aber um die Umlaufübersetzung vom Hohlrad zum Steg bei gehäusefestem Sonnenrad des zusätzlichen Planetengetriebes größer.

Im 4. und 5. Gang ist die Welle S über die Kupplung KS mit der Welle A verbunden. Sie dreht schneller als die Wellen B und C. Die Getriebeübersetzungen ergeben sich aus den Schaltungen im 4. Gang: $S = A$ und $B = D$ sowie im 5. Gang $S = A$ und $C = D$. Ohne das zusätzliche Getriebe von A nach D wären die Übersetzungen im 3., 4. und 5. Gang identisch und alle $i = 1$.

Der 6. Gang dieses 6-Gang-Automaten entspricht bezüglich der Schaltlogik wieder dem 4. Gang des 4-Gang-Automaten. Auch die Schaltungen der Rückwärtsgänge sind in diesen 4-Gang- und 6-Gang-Automatikgetrieben identisch.

Mit dem 6-Gang-Automaten (Bild 3) sind ebenfalls weite Gangsprünge mit einfachen Schaltungen möglich, die insbesondere bei schnellen Rückschaltungen nötig sein können.

Der Lepelletier-Planetenradsatz unterscheidet sich somit vom Ravigneaux-Satz nur durch das zusätzliche Planetengetriebe mit fester Übersetzung. Die Zahl der Schaltelemente bleibt gleich. Sie werden für die zusätzlichen Gänge nur mehrfach genutzt. Dieses Getriebe eignet sich deshalb bezüglich Bauraum, Gewicht und Kosten besser als ein 5-Gang-Automat. Mit den in Bild 2 gezeigten Zähnezahlen erreicht dieser 6-Gang-Automat einen Stellbereich von $\varphi = 6$ bei gut schaltbaren Gangabstufungen.

Das zusätzliche Planetengetriebe besteht aus Sonnenrad E, Hohlrad A und Planetenträger D. Es wird im Rückwärtsgang und den ersten 5 Gängen als feste Übersetzungsstufe genutzt. Die Welle E ist als Reaktionsglied fest mit dem Getriebegehäuse verbunden. Würde diese Verbindung gelöst und durch eine zusätzliche Bremse BE ersetzt, dann ließe sich das Fahrzeug mit dieser Bremse anstelle des Wandlers anfahren.

Anfahrelemente

In den meisten auf Komfort orientierten Automatikgetrieben übernimmt ein hydrodynamischer Wandler das Anfahren. Aufgrund seiner Wirkungsweise als Strömungsmaschine ist er ein ideales Anfahrelement. Um im Fahrbetrieb die Verluste des Wandlers zu minimieren, wird er aber (so oft dies möglich ist) mit der Wandlerüberbrückungskupplung (WK) überbrückt.

In Verbindung mit sehr drehmomentstarken Turbodieselmotoren ist der Wandler nicht mehr für alle Betriebszustände optimal auszulegen. Ein Antrieb dieser Art benötigt zum sicheren Starten im kalten Zustand eine relativ weiche Wandlerkennlinie. Das maximale Pumpendrehmoment darf erst bei hohen Drehzahlen wirken, damit die Schleppverluste den ohne ausreichenden Ladedruck

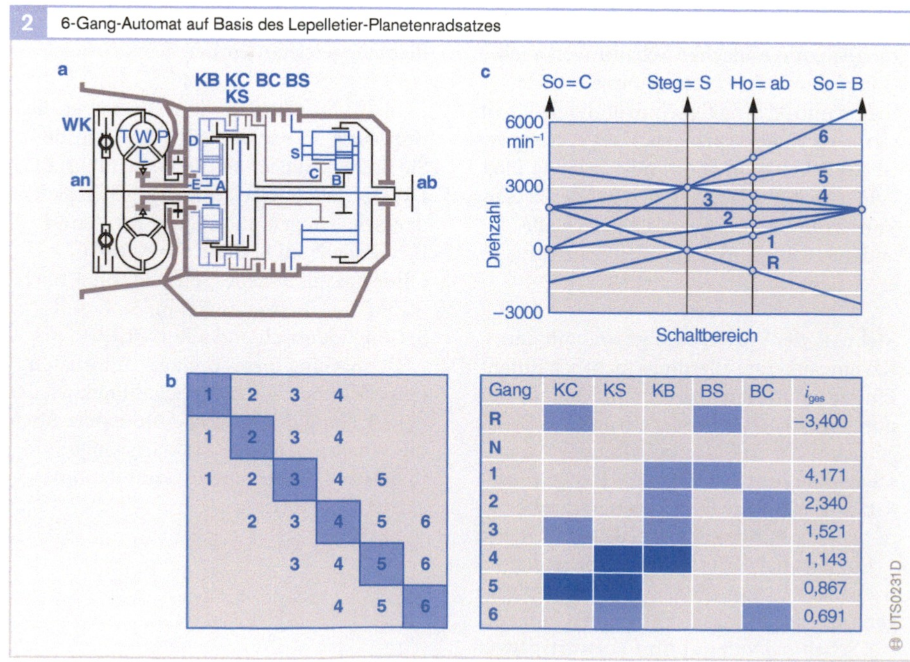

2 6-Gang-Automat auf Basis des Lepelletier-Planetenradsatzes

b				
1	2	3	4	
1	2	3	4	
1	2	3	4	5
	2	3	4	5	6
		3	4	5	6
			4	5	6

Gang	KC	KS	KB	BS	BC	i_{ges}
R	■			■		−3,400
N						
1			■	■		4,171
2			■		■	2,340
3	■		■			1,521
4		■	■			1,143
5	■	■				0,867
6		■			■	0,691

Bild 2
a Getriebeschema
b Schaltlogik
c Drehzahlleiterdiagramm

schwachen Motor nicht „abwürgen". Im betriebswarmen Zustand und bei Drehzahlen, bei denen ausreichend Ladedruck zur Verfügung steht, ist dann aber eine harte Wandlerkennlinie mit steilem Anstieg des Pumpendrehmoments mit der Motordrehzahl vorteilhaft.

Serienanwendungen mit schnellen und genauen Druckregelungen machen es auch jetzt schon möglich, mit Reibungskupplungen sehr komfortabel anzufahren. Ein gutes Beispiel dafür ist der Audi A6 mit dem stufenlosen Multitronic-Getriebe.

Druckregelung und Wärmeabfuhr lassen sich bei einer Bremse noch besser realisieren als bei einer Kupplung. Deshalb sollte auch mit der Bremse ein komfortabler Startvorgang möglich sein. Auch bei den Gangwechseln kann eine schlupfende Bremse analog zu einem Wandler die anderen Schaltelemente entlasten.

Getriebeöl/ATF

Automatikgetriebe stellen hohe Anforderungen an das Getriebeöl/ATF (Automatic Transmission Fluid):
- Erhöhtes Druckaufnahmevermögen,
- günstiges Viskose-Temperaturverhalten,
- hohe Alterungsbeständigkeit,
- geringe Neigung zur Schaumbildung,
- Verträglichkeit mit Dichtungsmaterialien.

Diese Anforderungen müssen im Ölsumpf im Temperaturbereich von –30...+150 °C gewährleistet sein. Kurzzeitig und örtlich sind sogar 400 °C während einer Schaltung zwischen den Kupplungslamellen möglich. Für den einwandfreien Betrieb der Automatikgetriebe ist das Getriebeöl speziell angepasst. Dazu sind dem Grundöl eine Reihe chemischer Substanzen (Additive) beigemischt. Die wesentlichen Additive sind:
- Friction Modifiers, die das Reibverhalten der Schaltelemente beeinflussen,
- Antioxydantien zur Reduktion der thermooxidativen Alterung bei hoher Temperatur,
- Dispergiermittel zur Vermeidung von Ablagerungen im Getriebe,
- Schauminhibitoren gegen Bildung von Ölschaum,
- Korrosionsinhibitatoren gegen Korrosion der Getriebeteile bei Kondenswasserbildung und

---

3 Automatikgetriebe ZF 6-Gang 6HP26 (Quelle: ZF Friedrichshafen)

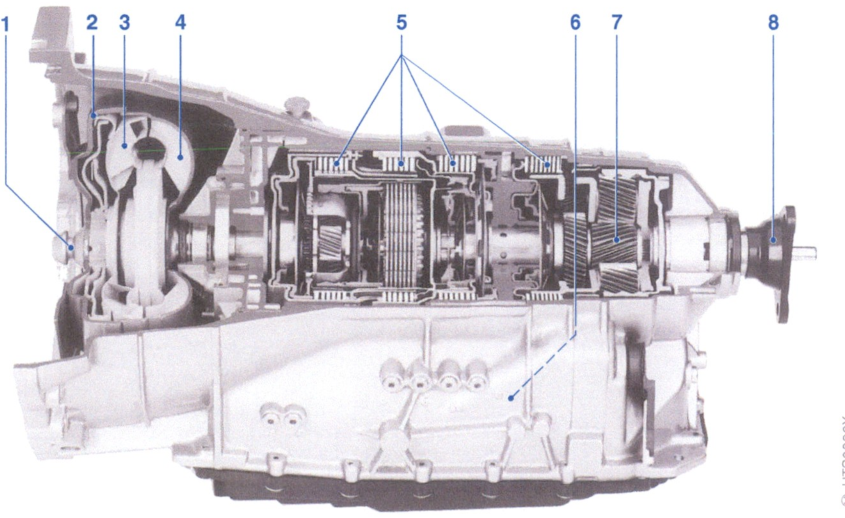

Bild 3
1 Getriebeeingang vom Motor
2 Wandlerkupplung
3 Turbine
4 Wandler
5 Lamellenkupplungen
6 Modul für Getriebesteuerung
7 Planetenradsatz
8 Getriebeausgang zur Antriebswelle

- Seal-Swell-Agets, die das Quellen der Dichtungswerkstoffe (Elastomere) unter Öleinfluss definiert einstellen.

Bereits 1949 legte GM die erste Spezifikation für ein ATF fest. Typische technische Daten für SAE-Viskoseklassen gemäß DIN 51512 sind:

Flammpunkt		(> 180 °C)
Pour Point		(< −45 °C)
Viskositätsindex		(VI > 190)
kin. Viskosität:	37 cSt	(bei +40 °C)
	7 cSt	(bei +100 °C)
dyn. Viskosität:	17 000 cP	(bei −40 °C)
	3 300 cP	(bei −30 °C)
	1 000 cP	(bei −20 °C)

Zwischenzeitlich werden Automatikgetriebe vermehrt mit einer Lebensdauerfüllung versehen. Ein Ölwechsel entfällt damit.

Ölpumpe

Das Getriebe benötigt eine Ölpumpe (Bild 4) zum Aufbau eines Steuerdrucks. Diese wird vom Verbrennungsmotor angetrieben. Gleichzeitig verringert die Antriebsleistung für die Ölpumpe den Getriebewirkungsgrad. Dabei gilt folgender Zusammenhang:

Pumpenleistung = Druck × Durchfluss

Bild 5 zeigt die Leistungskennlinien einer Zahnradpumpe (1) und einer Radialkolbenpumpe (2) im Vergleich. Möglichkeiten zur Optimierung im Bereich der Ölpumpe bieten ein verstellbarer Durchfluss oder ein regelbarer Pumpendruck:

Verstellbarer Pumpendurchfluss

Besondere Merkmale des verstellbaren Pumpendurchflusses sind:

- Die Auslegung schafft einen ausreichend hohen Durchfluss zur Kupplungsbefüllung bei Leerlaufdrehzahl.
- Ein zusätzliches Fördervolumen bei höheren Drehzahlen verursacht eine Verlustleistung.
- Mit der Verstellpumpe lässt sich die Pumpenleistung dem Bedarf anpassen.
- Der verstellbare Pumpendurchfluss hat jedoch den Nachteil, teuer und störanfällig zu sein.

Regelbarer Pumpendruck

Besondere Merkmale des regelbaren Pumpendrucks sind:

- Der Pumpendruck wird dem jeweils zu übertragenden Drehmoment angepasst.
- Der Hauptdruckregelung ermöglicht über den Aktor einen effektiven Betrieb dicht an der Rutschgrenze der Kupplung.

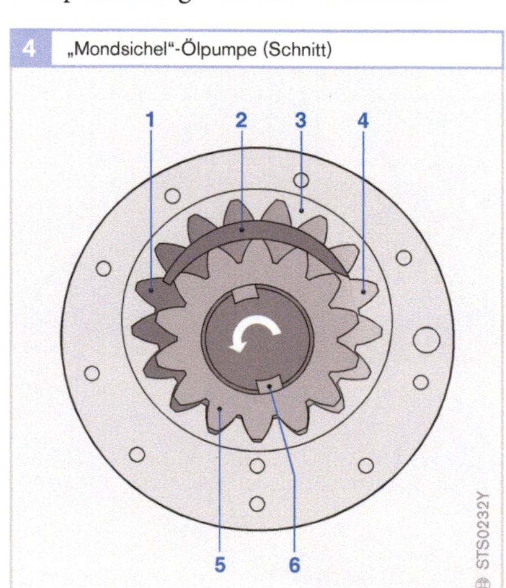

Bild 4
1 Druckseite
2 Mondsichel
3 innen verzahntes Rad
4 Saugseite
5 außen verzahntes Rad, vom Motor angetrieben
6 Mitnehmernasen

Bild 5
1 Zahnradpumpe
2 Radialkolbenpumpe

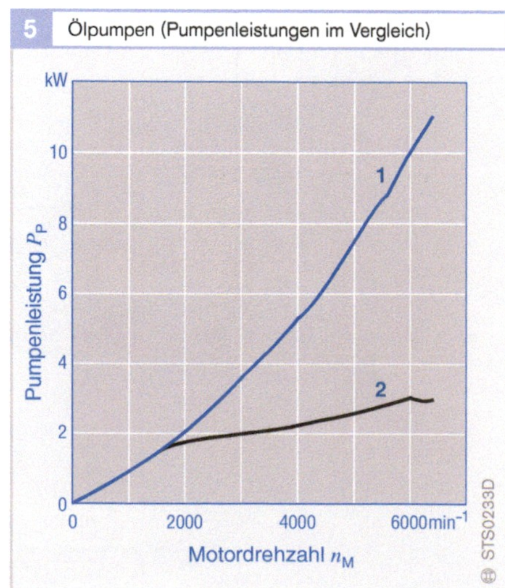

Drehmomentwandler

Der Drehmomentwandler (Bild 6) ist eine Anfahrhilfe, die im Anfahrbereich als zusätzlicher „Gang" wirkt. Außerdem dämpft er Schwingungen. Erst der hydraulische Strömungswandler mit zentripedal durchströmter Turbine ermöglichte die Einführung der Automatikgetriebe im Pkw. Die wichtigsten Elemente eines Wandlers sind:

- Pumpe (vom Motor betrieben),
- Turbine,
- Leitrad auf Freilauf und
- Öl (für die Momentenübertragung).

Das Pumpenrad versetzt das Öl von der Nabe nach außen in Bewegung. Dort trifft das Öl auf die Turbine, die es nach innen leitet. Das Öl trifft dann von der Turbine im Nabenbereich auf das Leitrad, das es zurück zur Pumpe umlenkt (Bild 7).

Im Wandlerbereich ($v < 85\%$) wird das Turbinenmoment durch das Reaktionsmoment am Leitrad erhöht. Im Kupplungsbereich löst sich der Freilauf des Leitrades und die Momentenerhöhung unterbleibt. Der maximale Wirkungsgrad beträgt $< 97\%$ (Bild 8).

Eine Leistungsübertragung über den Wandler kann nur stattfinden, wenn zwischen Pumpenrad und Turbinenrad ein Schlupf auftritt. Dieser ist bei den meisten Betriebszuständen des Fahrzeugs klein und liegt im Bereich von 2…10 %. Dieser Schlupf bewirkt allerdings einen Leistungsverlust und damit einen erhöhten Kraftstoffverbrauch des Fahrzeugs. Deshalb muss immer dann eine Wandlerüberbrückungskupplung zugeschaltet werden, wenn der Wandler nicht zum Anfahren oder zur Drehmomentwandlung benötigt wird (siehe auch Kapitel „Geregelte Wandlerkupplung"). Dabei handelt es sich um eine Lamellenkupplung, die das Pumpenrad durch Reibschluss mit dem Turbinenrad verbindet.

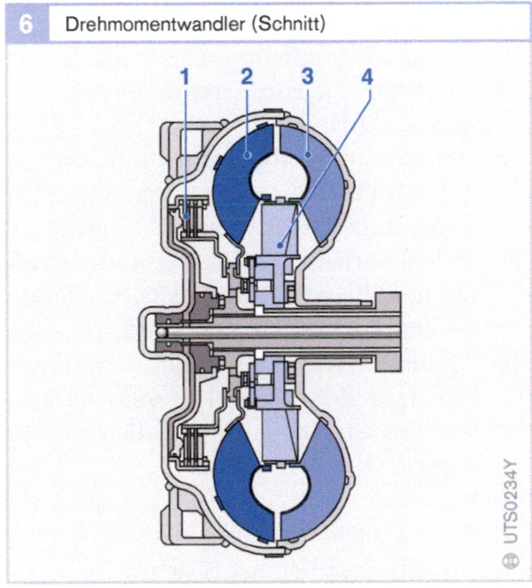

6 Drehmomentwandler (Schnitt)

UTS0234Y

Bild 6
1 Turbinenrad
2 Überbrückungskupplung
3 Pumpenrad
4 Leitrad

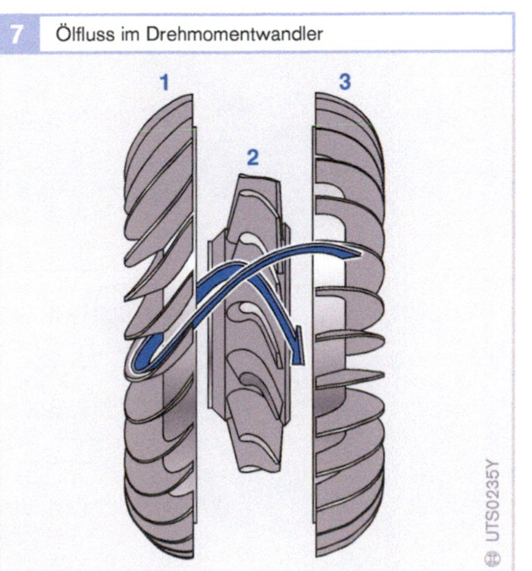

7 Ölfluss im Drehmomentwandler

UTS0235Y

Bild 7
1 Turbinenrad
2 Leitrad
3 Pumpenrad

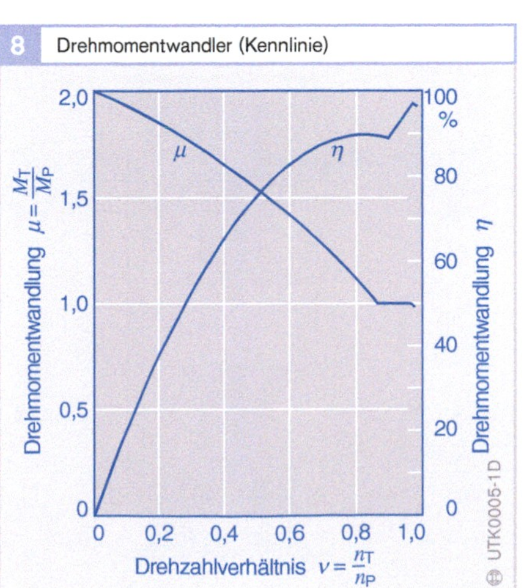

8 Drehmomentwandler (Kennlinie)

UTK0005-1D

Lamellenkupplungen

Lamellenkupplungen (Bild 9) machen ein Schalten ohne Zugkraftunterbrechung möglich und stützen das Drehmoment in dem Gang ab, in dem sie gerade betätigt sind.

Die Belag- und Stahllamellen der Kupplungen und Bremsen übernehmen während der Schaltung das dynamische Drehmoment sowie die Schaltenergie und nach der Schaltung das zu übertragende Lastmoment. Um einen hohen Schaltkomfort zu gewährleisten, müssen die Reibbeläge möglichst konstante und von Temperatur und Last unabhängige Reibwerte aufweisen.

Die Reibbeläge in Automatikgetrieben haben ein Stützgerüst aus Zellulose (Papierbeläge). Beigemischte Aramidfasern (hochfester Kunststoff) sorgen für die Temperaturstabilität. Weitere Bestandteile sind Mineralstoffe, Grafit oder Reibpartikel zur Beeinflussung des Reibwerts. Das Ganze ist in Phenolharz getränkt, um dem Belag seine mechanische Festigkeit zu geben. Die Stahllamellen bestehen aus kaltgewalztem Stahlblech.

Der Reibvorgang spielt sich in der Ölschicht zwischen Belag- und Stahllamelle ab. Der Reibbelag hält diese Ölschicht durch seine Porosität und durch Zufuhr von Kühlöl aufrecht.

Folgende Probleme können im Zusammenhang mit den Lamellenkupplungen auftreten:
- Verbrennen bei hohen Temperaturen,
- Ölzuführungen bei rotierenden Kupplungen und
- durch Rotationsgeschwindigkeit verursachter Druckaufbau.

Planetengetriebe

Das Planetengetriebe (Bild 10) ist das Kernstück des Automatikgetriebes. Es hat die Aufgabe, die Übersetzungen einzustellen und den ständigen Kraftschluss zu gewährleisten. Ein Planetengetriebe setzt sich aus folgenden Bestandteilen zusammen:
- Ein zentral angeordnetes Zahnrad (Sonnenrad).
- Mehrere (in der Regel drei bis fünf) Planetenräder, die sich sowohl um ihre eigene Achse als auch um das Sonnenrad drehen können. Die Planetenräder werden von dem Planetenträger gehalten, der um die Zentralachse rotieren kann.
- Ein innen verzahntes Hohlrad, das die Planetenräder von außen umfasst. Das Hohlrad kann ebenfalls um die Zentralachse drehen.

Der Einsatz von Planetengetrieben in Automatikgetrieben hat folgende Gründe:

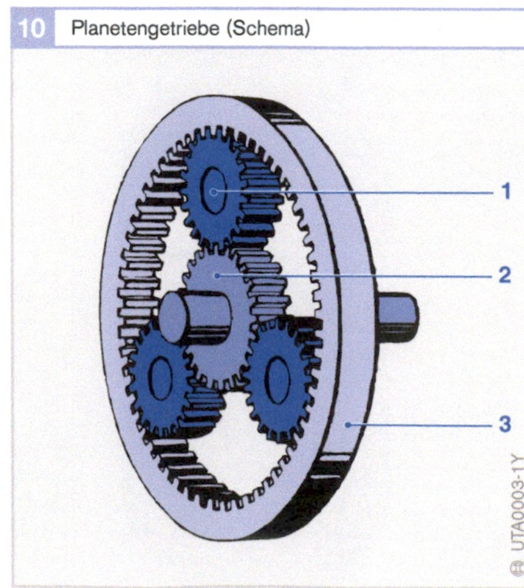

9 Lamellenkupplung (Schnitt)

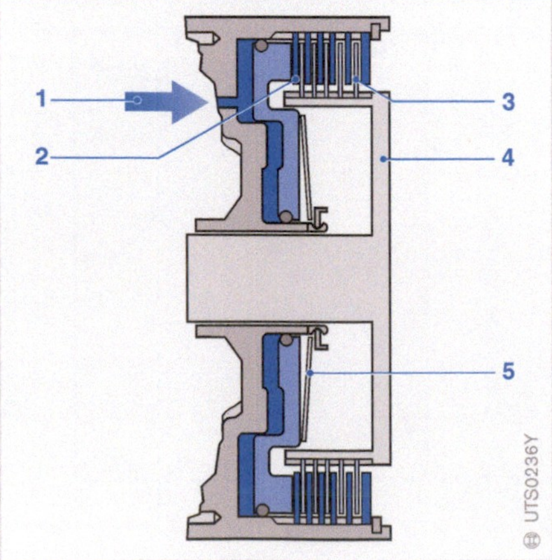

10 Planetengetriebe (Schema)

Bild 9
1 Ölzuführung
2 Außenlamelle
3 Belagslamelle
4 Lamellenträger
5 Rückdrückfeder

Bild 10
1 Planetenträger mit Planetenrädern
2 Sonnenrad
3 innen verzahntes Hohlrad

- Die Leistungsdichte von Planetengetrieben ist sehr hoch, da die Leistung über mehrere Planetenräder parallel übertragen wird. Planetengetriebe bauen damit sehr kompakt und haben ein geringes Gewicht.
- Beim Planetengetriebe treten keine freien radialen Kräfte auf. Kostengünstige Gleitlager können Wälzlager ersetzen.
- Lamellenkupplungen, Lamellenbremsen, Bandbremsen und Freiläufe lassen sich günstig für den Bauraum konzentrisch zum Planetengetriebe anordnen. Dies ergibt mehr Platz für die hydraulische Steuerung.

In den Getrieben kommen verschiedene Planetensatzkombinationen zum Einsatz:
- Simpson   (3-Gang, zwei Systeme),
- Ravigneaux   (4-Gang, zwei Systeme),
- Wilson   (5-Gang, drei Systeme).

Im Automatikgetriebebau haben sich zwei Typen von Planetenkoppelgetrieben durchgesetzt, die einfach zu unterscheidende Merkmale aufweisen:

Ravigneaux-Satz
Beim Ravigneaux-Satz (Bild 11) arbeiten zwei verschiedene Planetensätze und Sonnenräder in einem Hohlrad.

Simpson-Satz
Beim Simpson-Satz (Bild 12) laufen zwei Planetensätze und Hohlräder auf einem gemeinsamen Sonnenrad.

Parksperre
Die Parksperre (Bild 13) hat die Aufgabe, das Fahrzeug gegen das Wegrollen zu sichern. Ihre zuverlässige Funktion ist deshalb maßgebend für die Sicherheit.

Das Verlassen der Position P (Parken) ist nur möglich, wenn der Fahrer das Bremspedal betätigt. Diese Einrichtung verhindert, dass eine versehentliche Betätigung des Positionshebels das Fahrzeug in Bewegung setzt.

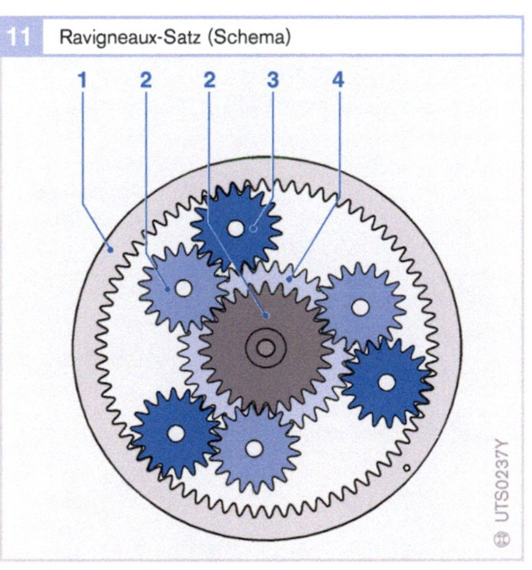

11 Ravigneaux-Satz (Schema)

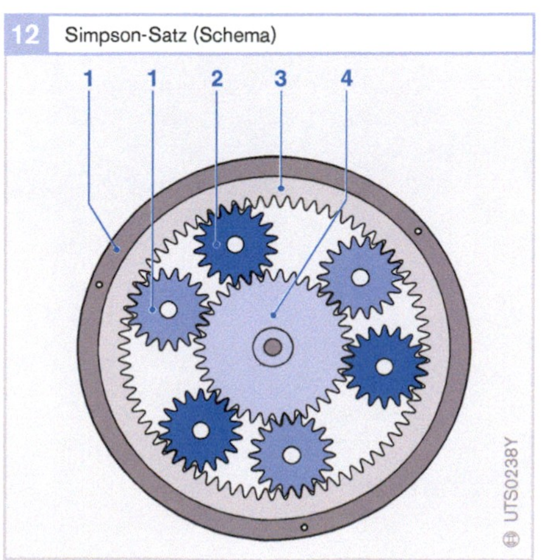

12 Simpson-Satz (Schema)

13 Parksperre

Bild 11
1   Hohlrad
2   Sonnenrad und Planetenradsatz 1
3   Planetenradsatz 2
4   Sonnenrad 2

Bild 12
1   Planetenradsatz 1 und Hohlrad 1
2   Planetenradsatz 2
3   Hohlrad 2
4   Sonnenrad

Bild 13
1   Klinke
2   Parksperrenrad

Stufenlose Getriebe (CVT)

Anwendung

Antriebskonzepte mit stufenlosen Automatikgetrieben CVT (Continuously Variable Transmission) zeichnen sich durch hohen Fahrkomfort, hervorragende Fahreigenschaften und niedrigen Kraftstoffverbrauch aus.

Seit vielen Jahren ist VDT (Van Doorne's Transmissie) auf die Entwicklung von CVT-Komponenten und Prototyp-Getrieben spezialisiert. Seit der Integration von VDT im Jahr 1995 deckt Bosch das gesamte Feld von CVT-Systementwicklungen bis zu kompletten Triebstrang-Management-Systemen ab. Alle der in Tabelle 1 aufgeführten stufenlosen Automatikgetriebe CVT werden mit einem Schubgliederband betrieben (Bild 1). Eine Ausnahme bildet die Multitronic von Audi mit einer Laschenkette von LuK (Bild 2).

Die Hauptkomponenten eines CVT lassen sich von einem elektrohydraulischen Modul ansteuern. Zusätzlich zum Schubgliederband – seit 1985 in Serie gefertigt – werden Pulleys, Pumpen und elektrohydraulische Module für den Serieneinsatz entwickelt. Verschiedene Ausführungsformen von Schubgliederbändern gibt es für mittlere Motordrehmomente bis zu 400 Nm (z. B. Nissan Murano V6 mit 3,5 l Hubraum und maximal 350 Nm bei 4000 min⁻¹, mit Wandler).

Das Know-how innerhalb der Bosch-Gruppe ermöglicht die Bereitstellung der Software für optimale CVT-Ansteuerungen. Natürlich besteht volle Flexibilität bezüglich Software-Sharing, sodass Fahrzeughersteller spezielle Funktionen auch selbst entwickeln und implementieren können.

1 Aktuelle Verfügbarkeit (weltweit) von Fahrzeugen mit CVT		
Fahrzeug-hersteller	CVT-Bezeichnung	Fahrzeug
Audi	Multitronic	A4, A6
BMW	CVT	Mini
GM	CVT	Saturn
Honda	Multimatik	Capa, Civic, HR-V, Insight, Logo
Hyundai	CVT	Sonata
Kia	CVT	Optima
Lancia	CVT	Y 1.2l
MG	CVT	F, ZR, ZS
Mitsubishi	CVT	Lancer-Cedia, Wagon
Nissan	Hyper-CVT ICVT Extroid-CVT	Almera, Avensis, Bluebird, Cube Micra, Murano, Primera, Serano, Tino, Cedrik Gloria
Rover	CVT	25/45
Subaru	ICVT	Pleo
Toyota	Super-CVT Hybrid-CVT	Previa, Opa Prius

1 CVT für Frontantrieb quer (Schnitt)

2　CVT für Frontantrieb längs (Audi Multitronic mit Laschenkette, Quelle: Audi)

Innerhalb der CVT-Funktionen wird zwischen einer Grundfunktionalität und der Ausbaustufe unterschieden. Alle Funktionen der ersten Gruppe sind bereits implementiert, getestet und in verschiedenen Fahrzeugen im Einsatz.

Geeignete Tools für eine effiziente Darstellung und Tests wie ASCET-SD sind verfügbar und werden in gemeinsamen Projekten eingesetzt.

Die große Übersetzungsspreizung der stufenlosen Automatikgetriebe verschiebt die Betriebspunkte des Motors in verbrauchsgünstige Bereiche.

Ausgehend von der in Bild 3 gezeigten Spreizung ergibt sich die in Bild 4 dargestellte Aufteilung der Zugkraft auf die Übersetzung.

Sich widersprechende Anforderungen lassen sich mithilfe einer elektronischen Steuerung und geeigneter Priorisierung erfüllen.

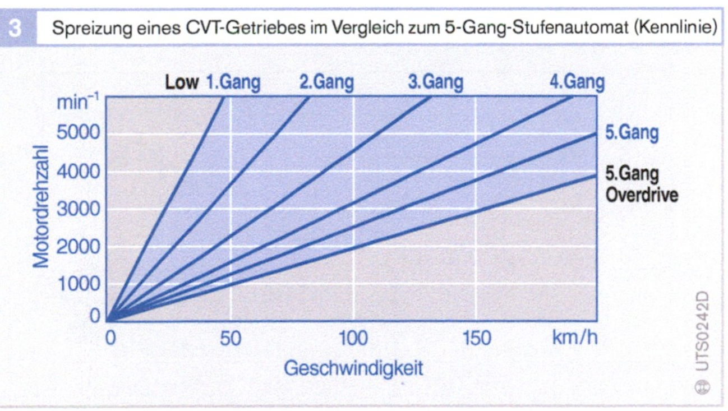

3　Spreizung eines CVT-Getriebes im Vergleich zum 5-Gang-Stufenautomat (Kennlinie)

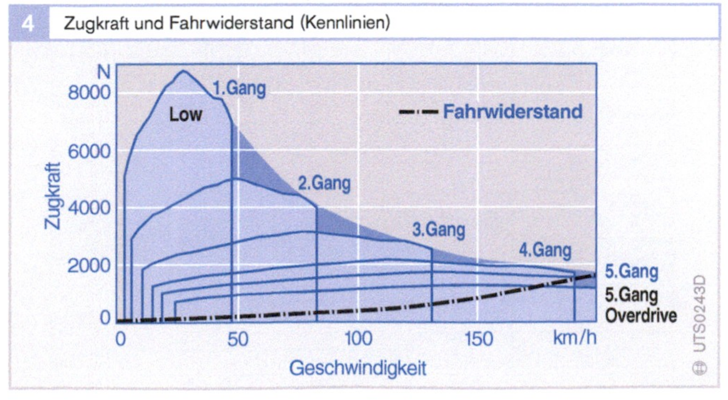

4　Zugkraft und Fahrwiderstand (Kennlinien)

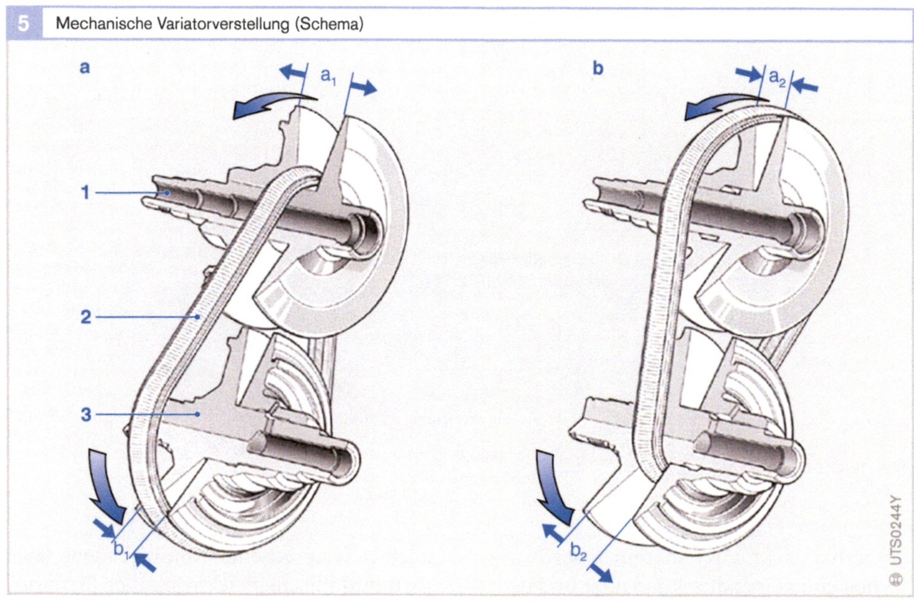

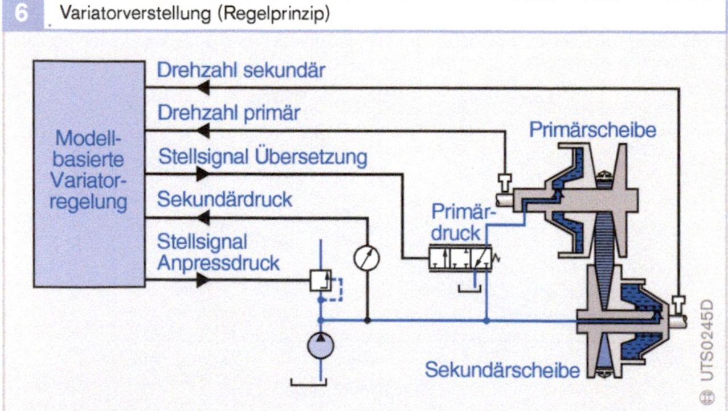

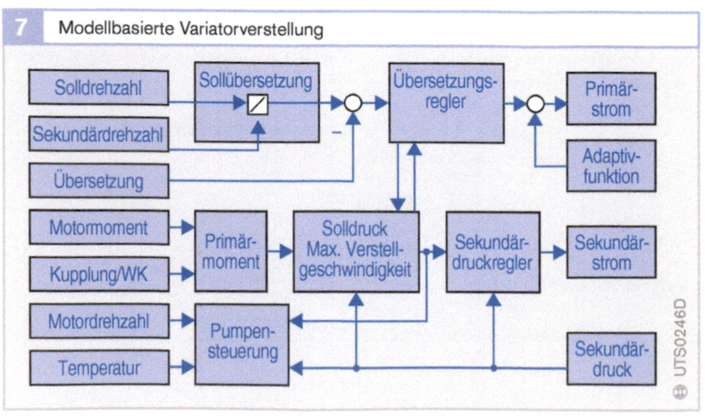

Bild 5 zeigt die mechanische Verstellung der Übersetzung von „Low" nach „Overdrive". Dazu kommt der in Bild 6 dargestellte Regleraufbau zur Anwendung.

Die in Bild 7 abgebildete modellbasierte Variatorregelung bearbeitet folgende Vorgänge:

- Einstellung der Primärdrehzahl bzw. der Übersetzung mit PI-Regler.
- Einstellung der Anpresskräfte für das Primär- und das Sekundärpulley.
- Kupplung der Regelung von Übersetzung und Anpresskraftregelung sowie Steuerung der Pumpe.
- Adaptivfunktion zum Ausgleich von Toleranzen.

Aufbau

Der Wandler oder die Lamellenkupplung dienen als Anfahrelement, und der Rückwärtsgang wird über einen Planetenradsatz geschaltet.

Die Verstellung der Übersetzung erfolgt stufenlos mit Kegelscheiben und einem Gliederband oder einer Kette (Variator).

Eine Hochdruckhydraulik sorgt für den nötigen Anpressdruck und die Verstellung des Variators.

Die Steuerung aller Funktionen erfolgt mit der elektrohydraulischen Steuerung. Die verschiedenen Komponenten des CVT-Getriebes zeigt Bild 8.

Eigenschaften

Ein Vorteil der CVT-Getriebe ist, dass sie bei einer Veränderung der Übersetzung keine Zugkraftunterbrechung verursachen. Diese Getriebe bieten einen hohen Komfort, da keine Schaltvorgänge notwendig sind.

Im gesamten Motorkennfeld ist der Betrieb auf einen optimalen Kraftstoffverbrauch bzw. auf höchste Beschleunigung abgestimmt. Zudem ist eine hohe Spreizung der Übersetzung möglich.

Obwohl eine gewisse Antriebsleistung für die Hochdruckpumpe erforderlich ist, fällt der Gesamtwirkungsgrad befriedigend aus.

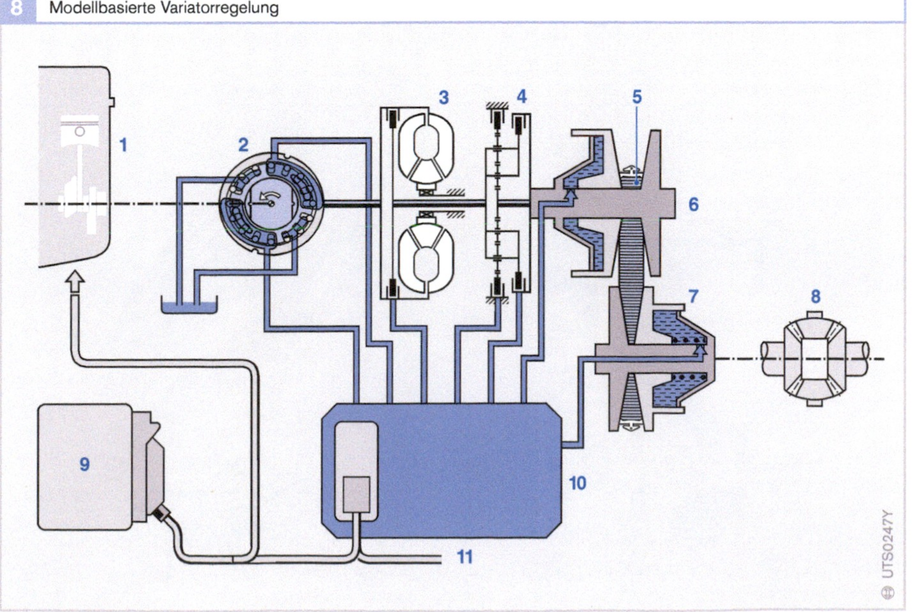

8 Modellbasierte Variatorregelung

Bild 8
1 Motor
2 Pumpe
3 Wandler
4 Planetengetriebe
5 Schubgliederband
6 Antriebsscheibe (Primärpulley)
7 Abtriebsscheibe (Sekundärpulley)
8 Differenzial
9 Elektronische Motorsteuerung
10 Elektrohydraulisches Modul (Hydraulikventile, Sensoren, Aktoren)
11 Kfz-Kabelbaum

CVT-Komponenten
Variator
Der Variator besteht aus zwei Kegelscheiben, die sich gegeneinander verschieben lassen (Bilder 9 und 10).

Der Druck p des Getriebeöls verschiebt die beweglichen Teile des Variators (1) gegeneinander. Dadurch ändert sich die Lage des Schubgliederbandes (3) zwischen den beiden Pulleys und die Übersetzung verändert sich.

Da die Kraftübertragung allein auf der Reibung zwischen Band und Variator beruht, benötigt diese Verstellart einen hohen Systemdruck.

Schubgliederband
Für das Schubgliederband besitzt die Firma Van Doorne's Transmissie ein weltweites Patent. Bild 11 zeigt die verschiedenen Bandtypen und deren Einsatzbereich bezogen auf das zu übertragende Motormoment.

Das Schubgliederband (Bild 12) besteht aus 2 mm dicken und 24...30 mm breiten Schubgliedern, die in einem Neigungswinkel von 11° zueinander stehen. Gehalten wird die Kette aus zwei Paketen, jeweils mit 8 bis 12 Stahlbändern. Der Reibwert der Kette beträgt mindestens 0,9.

9 Variator (Ansicht)

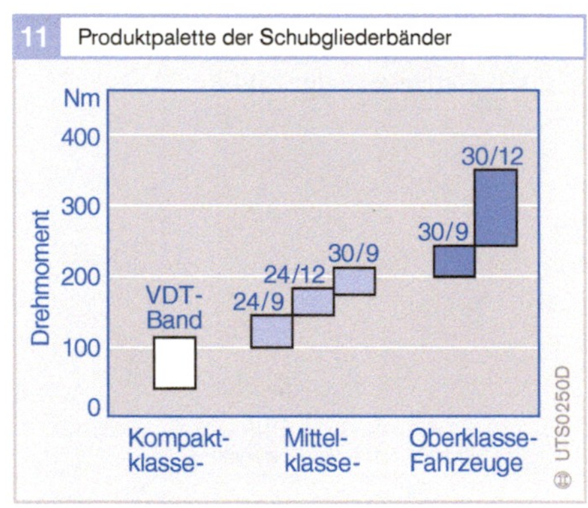

11 Produktpalette der Schubgliederbänder

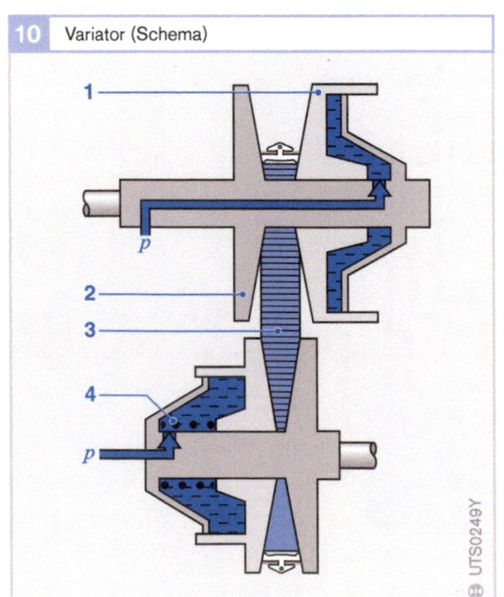

10 Variator (Schema)

Bild 10
1 Bewegliches Pulley
2 feststehendes Pulley
3 Schubgliederband
4 Feder
p anstehender Druck des Getriebeöls

Bild 12
1 Schubglied
2 Stahlbandpaket

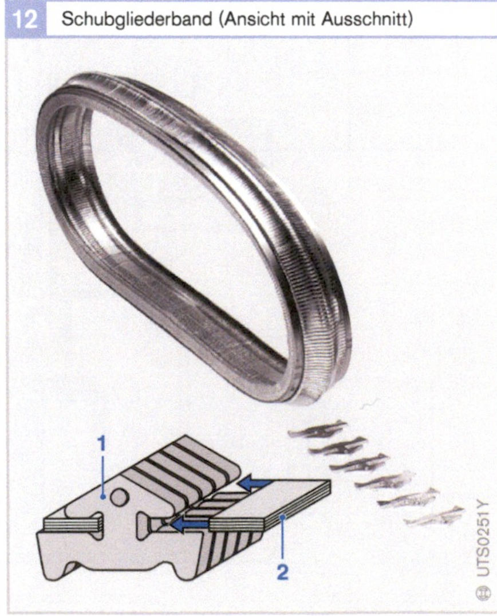

12 Schubgliederband (Ansicht mit Ausschnitt)

Bei Bandbezeichnungen kommt folgende Nomenklatur zum Einsatz:

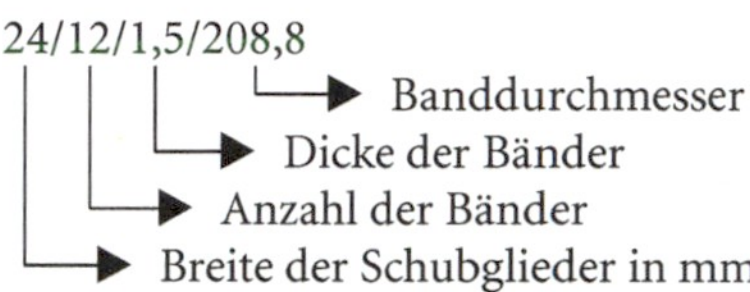

Laschenkette

Statt des bei CVT-Getrieben sonst üblichen Schubgliederbandes kommt im Multitronic-Getriebe von Audi eine Laschenkette der Firma LuK zum Einsatz (basierend auf der Wiegedruckstückkette der Firma P.I.V. Reimers).

Diese Laschenkette besteht vollständig aus Stahl und ist trotzdem fast ebenso flexibel wie ein Keilriemen. Sie besteht aus mehreren Lagen von Laschen nebeneinander und ist damit so robust ausgelegt, dass sie sehr hohe Momente (übertragbares Motormoment 350 Nm) und Kräfte übertragen kann.

Die Kette (Bild 13) besteht aus 1025 Laschen mit je 13…14 Kettengliedern. Wiegestücke (auch Querstifte oder Pins genannt) mit einer Breite von 37 mm und einem Neigungswinkel von 11° verbinden die Laschen (1) miteinander. Die Wiegestücke (2) drücken mit ihren Stirnseiten gegen die Kegelflächen im Variator.

An den dort entstehenden Auflagepunkten wird die Zugkraft der Kette auf die Scheiben des Variators übertragen. Der dabei entstehende Mini-Schlupf ist so gering, dass sich die Stifte während der gesamten Getriebelebensdauer maximal nur um ein bis zwei Zehntel Millimeter abnutzen.

Die Laschenkette bietet außerdem den Vorteil, dass sie sich auf einem noch kleineren Umfang führen lässt als andere Gliederbänder. Wenn sie auf diesem kleinsten Umschlingungsdurchmesser läuft, hat sie die Fähigkeit, maximale Kräfte und Drehmomente zu übertragen. Dann haben nur jeweils neun Stiftpaare Kontakt mit den

Innenflächen der Scheiben. Doch die spezifische Anpressung ist dabei so groß, dass sie auch bei höchster Belastung nicht durchrutschen.

CVT-Ölpumpe

Da die Verstellung der Pulleys im CVT einen hohen Öldruck benötigt, kommt zum Erzeugen dieses Drucks eine leistungsfähige Ölpumpe zum Einsatz (Bild 14).

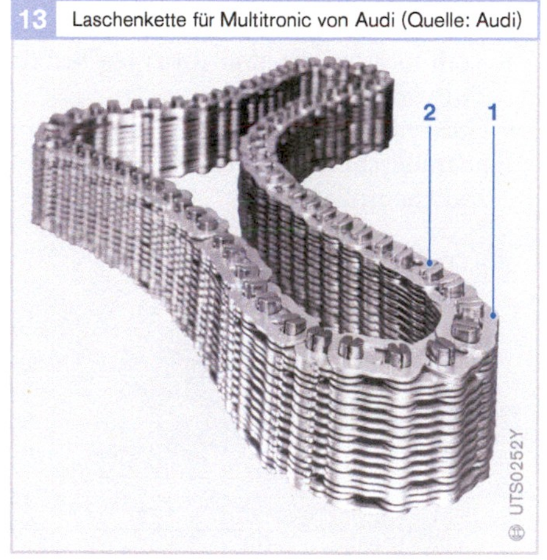

13 Laschenkette für Multitronic von Audi (Quelle: Audi)

UTS0252Y

Bild 13
1 Laschen
2 Wiegestück

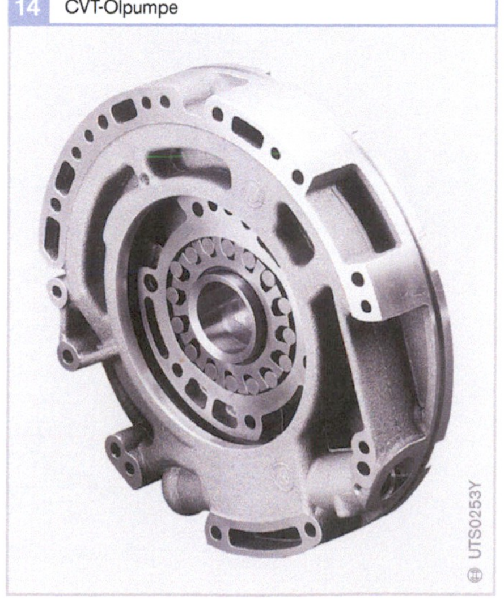

14 CVT-Ölpumpe

UTS0253Y

Toroidgetriebe

Anwendung

Das Toroidgetriebe kommt gegenwärtig nur in Japan bei den Fahrzeugtypen Cedric und Gloria von Nissan zur Anwendung.

Aufbau

Das Toroidgetriebe kann als Sonderform eines stufenlosen Getriebes (Bilder 1 und 2) auch als Reibrad-CVT bezeichnet werden. Sein Aufbau ist gekennzeichnet durch:
- Wandler als Anfahrelement,
- Rückwärtsgang über Planetenradsatz,
- Kraftübertragung über Torusscheiben mit Zwischenrollen,
- Übersetzungsänderung stufenlos durch hydraulische Winkelverstellung der Zwischenrollen,
- Hochdruckhydraulik für die Vorspannung der Torusscheiben sowie
- elektrohydraulische Steuerung.

Eigenschaften

Wesentliche Eigenschaften sind:
- keine Zugkraftunterbrechung,
- keine Schaltvorgänge (hoher Komfort),
- angepasster Betrieb im Motorkennfeld für optimalen Kraftstoffverbrauch bzw. höchste Beschleunigung,
- für hohe Drehmomente einsetzbar,
- schnelle Übersetzungsverstellung,
- hohe Antriebsleistung für die Hochdruckpumpe (Gesamtwirkungsgrad deshalb nur befriedigend) und
- Spezial-ATF (Automatic Transmission Fluid) mit hoher Scherfestigkeit notwendig.

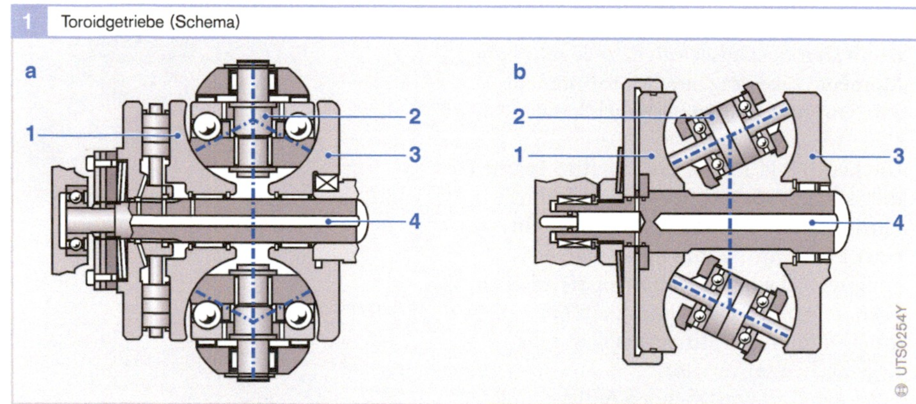

1 Toroidgetriebe (Schema)

Bild 1

a Halbtoroid
b Volltoroid

1 Eingangsscheibe
2 Variator
3 Ausgangsscheibe
4 Abtrieb

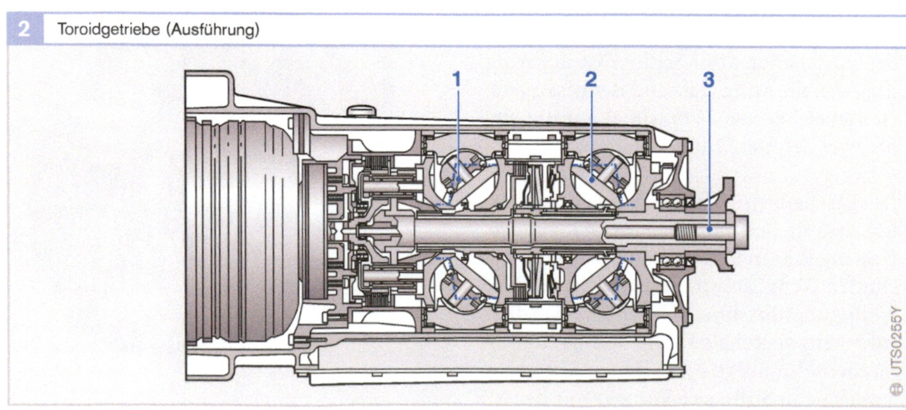

2 Toroidgetriebe (Ausführung)

Bild 2

1 Eingangsscheibe
2 Variator
3 Abtrieb

Daimler-/Maybach-Stahlradwagen 1889 mit Viergang-Zahnradgetriebe

Eine Kraftübertragung im Automobil muss die Funktionen des Anfahrens sowie der Drehzahl- und Drehmomentwandlung für das Vorwärts- und Rückwärtsfahren gewährleisten. Dafür sind Stellglieder und Schaltelemente erforderlich, die in den Leistungsfluss eingreifen und die Wandlung vornehmen.

In den Anfängen der Automobilgeschichte brachten viele Fahrzeuge die Antriebskraft des Motors mit Riemen- und Kettenantrieben auf die Straße. Nur in der Endstufe, dem Achsantrieb, waren wegen der hohen Drehmomente schon bald Zahnrad- oder Kettentriebe in Gebrauch.

Der Stahlradwagen von Daimler und seinem Konstrukteur Maybach aus dem Jahr 1889 war das *erste Vierradfahrzeug* mit Verbrennungsmotor, das nicht mehr lediglich aus einer umgebauten Kutsche bestand, sondern in seiner Gesamtheit speziell für den motorisierten Straßenverkehr konzipiert war. Der Kraftfluss seines aufrecht montierten Zweizylinder-V-Motors mit einer Leistung von 2 PS (1,45 kW) wurde bereits mit einer Kupplung und einem Viergang-Zahnradschaltgetriebe samt Differenzialausgleich auf die Antriebsachse übertragen. Ein Zahnradgetriebe konnte nämlich eine Drehzahl- und Drehmoment- sowie eine Drehsinnwandlung auf engstem Raum vornehmen.

Das mit zwei Schalthebeln zu bedienende Viergang-Getriebe bestand aus verschiedenen Zahnradpaaren mit gerader Verzahnung, von denen mithilfe von zwei Schieberadblöcken immer ein Paar in Eingriff gebracht werden konnte. Die erreichbare Geschwindigkeit lag zwischen 5 km/h (1. Gang) und 16 km/h (4. Gang). Zum Anfahren und Schalten ließ sich die Kraftübertragung vom Motor zum Getriebe mit einer Konuskupplung unterbrechen.

Trotz Einführung der Zahnradwechselgetriebe hielt sich der Riementrieb als Anfahreinheit im weiteren Verlauf der Fahrzeugentwicklung noch einige Zeit, weil er einen gewissen Anfahrschlupf sowie einen größeren Abstand zu den anderen Komponenten des Antriebsstrangs zuließ. Es gab auch Kombinationen aus Riementrieb, Zahnradschaltgetriebe und Kettentrieb. Der Kettenantrieb blieb für Pkw bis etwa 1910 in Anwendung. Doch mit der weiter zunehmenden Motorleistung führte wegen den auftretenden hohen Kräften kein Weg mehr am Zahnradwechselgetriebe mit Konuskupplung vorbei.

Nach 1920 wurde die formschlüssige Verbindung (bei ständig im Eingriff bleibenden Zahnrädern) durch Verschieben von Klauenkupplungen mit geringem Verschiebeweg hergestellt. Danach wurden schräg verzahnte Zahnräder sowie die Synchronisierung zum Standard für Handschaltgetriebe. Schließlich folgte die Einführung der unter Last schaltenden Automatgetriebe, die wegen der hohen Leistungsdichte in der Regel mit Planetengetriebesätzen ausgeführt sind.

▶ Daimler-/Maybach-Stahlradwagen von 1889
mit seinem Viergang-Getriebe
(Quelle: DaimlerChrysler Classic)

1 Getriebeeingang
  mit Konuskupplung
2 Schieberadblock 1
3 Schieberadblock 2

Elektronische Getriebesteuerung

Bei unübersichtlichen Verkehrssituationen, in fremder Umgebung oder bei schlechten Witterungsverhältnissen (z. B. starker Regen, Schnee oder Nebel) kann manuelles Schalten den Autofahrer derart ablenken, dass schwer kontrollierbare Situationen entstehen. Dies trifft auch auf das lästige, fortwährend durchzuführende Ein- und Auskuppeln bei stockendem Verkehr mit „Stop and go" zu. Ein automatisches Getriebe mit elektronischer Steuerung bietet dem Fahrer bei diesen und anderen Verkehrssituationen Unterstützung und Entlastung, sodass er sich voll auf das Verkehrsgeschehen konzentrieren kann.

Triebstrangmanagement

Mit der Anzahl der elektronischen Systeme im Fahrzeug wächst auch die Komplexität des Gesamtverbundes der verschiedenen Steuergeräte. Solche vernetzten Strukturen zu beherrschen, setzt hierarchische Ordnungskonzepte voraus, wie zum Beispiel die „Cartronic" von Bosch. Die koordinierte Triebstrangsteuerung ist als Teilstruktur in die „Cartronic" eingebunden und ermöglicht eine optimal abgestimmte Steuerung von Motor und Getriebe in den jeweiligen Betriebszuständen des Fahrzeugs.

Der Motor wird grundsätzlich so häufig wie möglich in den Kraftstoff sparenden Bereichen seines Kennfeldes betrieben. Bei sportlicher Fahrweise werden jedoch zunehmend die hohen, weniger sparsamen Drehzahlbereiche gefahren. Eine solche situationsabhängige Betriebsweise setzt voraus, dass einerseits der Fahrerwunsch erkannt, andererseits dessen Umsetzung der elektronischen Triebstrangsteuerung und einer übergeordneten Fahrstrategie überlassen wird. Die Betätigung des

Fahrpedals („Gaspedals") interpretiert das System als „Beschleunigungsanforderung". Die Triebstrangsteuerung errechnet aus dieser Anforderung die Übersetzung in „Drehmoment" und „Drehzahl" und setzt diese auch um. Grundvoraussetzung für die Umsetzung einer solchen Strategie ist das Vorhandensein einer elektrisch betätigten Drosselklappe (Drive-by-wire).

Bild 1 zeigt die Organisationsstruktur der Triebstrangsteuerung als Teil der Fahrzeuggesamtstruktur. Der Fahrzeugkoordinator gibt die geforderte Vortriebsbewegung unter Berücksichtigung der Leistungsanforderungen anderer Fahrzeugsubsysteme (z. B. Karosserie- oder Bordnetzelektronik) an den Triebstrangkoordinator weiter. Dieser übernimmt die Aufteilung des Leistungswunsches auf Motor, Wandler und Getriebe. Die jeweiligen Koordinatoren haben dabei auch eventuell auftretende Interessenskonflikte nach definierten Prioritätskriterien zu lösen. Hierbei spielen die verschiedensten äußeren Einflüsse (wie Umwelt, Verkehrssituation, Betriebszustand des Fahrzeugs und Fahrertyp) eine Rolle.

Das Cartronic-Konzept basiert auf einer objektorientierten Softwarestruktur mit physikalischen Schnittstellen, z. B. dem Drehmoment als Schnittstellenparameter der Triebstrangsteuerung.

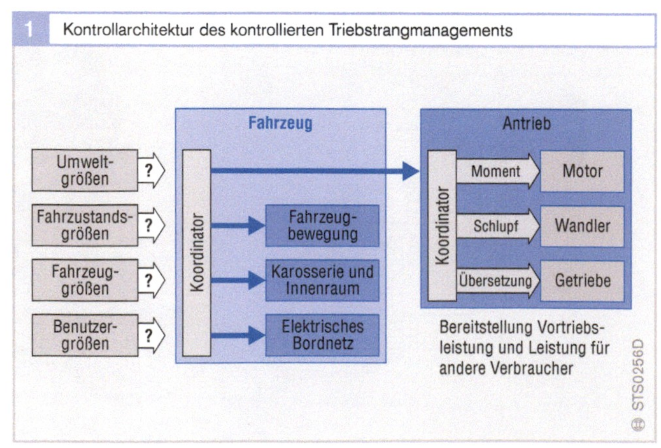

1   Kontrollarchitektur des kontrollierten Triebstrangmanagements

Markttrends

Die gesetzlichen Anforderungen bezüglich „Kraftstoffverbrauch" und „Abgasemission" werden die Entwicklung der Getriebe in den nächsten Jahren stark prägen. Hierzu seien die Forderungen der Hauptmärkte kurz gegenübergestellt.

ACEA, JAMA und KAMA

Die ACEA (Association des Constructeurs Européens d'Automobiles, d. h. Verband der europäischen Automobilhersteller) hat sich dazu bereit erklärt, den Flottendurchschnitt beim CO_2-Ausstoß in den Jahren 2002 bis 2008 von 170 mg CO_2 auf 140 mg CO_2 zu senken (Bild 1).

Die japanischen und koreanischen Herstellervereinigungen (JAMA und KAMA) haben die gleichen Grenzwerte für das Jahr 2009 übernommen. Um dieses Ziel zu erreichen, werden sich in den nächsten Jahren verstärkt Getriebeausführungen wie das 6-Gang-Getriebe, CVT (Continuously Variable Transmission, d. h. stufenloses Getriebe) und AST (Automatic Step Transmission, d. h. Automatisiertes Schaltgetriebe, ASG) durchsetzen.

CAFE-Anforderungen

Im Gegensatz zu Europa haben sich in den USA, dem wichtigsten Markt für Automatikgetriebe, die Anforderungen an den Kraftstoffverbrauch CAFE (Corporate Average Fuel Efficiency) seit 1990 nicht mehr geändert (Bild 2). Sämtliche Vorstöße zum Herbeiführen einer Verschärfung hatten bisher keinen Erfolg.

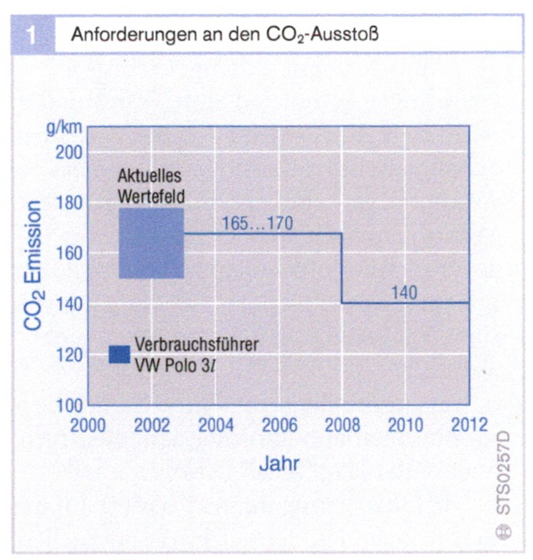

1 Anforderungen an den CO_2-Ausstoß

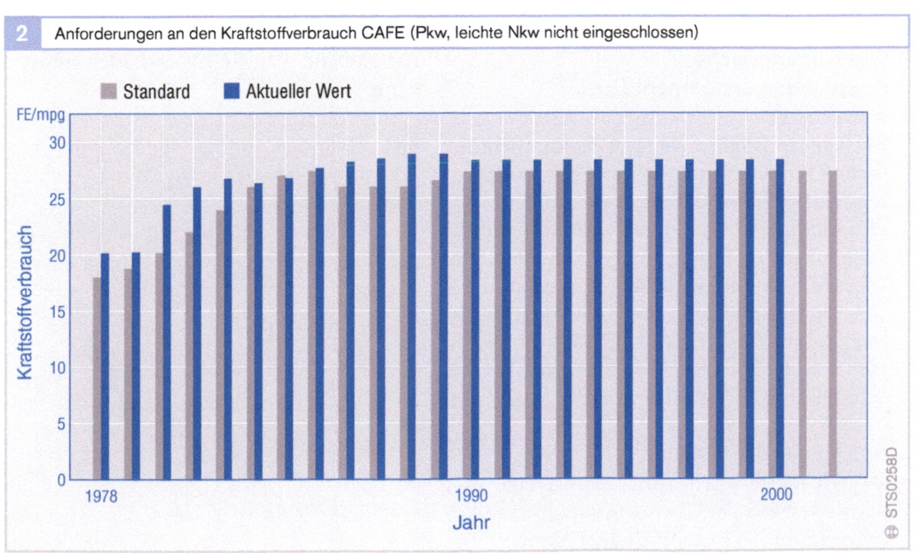

2 Anforderungen an den Kraftstoffverbrauch CAFE (Pkw, leichte Nkw nicht eingeschlossen)

Steuerung automatisierter Schaltgetriebe AST

Anforderungen

Das aktuelle Marktgeschehen zeigt einen starken Trend zur Steigerung der Sicherheit und des Bedienkomforts im Auto. Damit geht eine Erhöhung der Fahrzeugmasse und letztendlich ein steigender Kraftstoffverbrauch einher. Die vom Gesetzgeber verordneten Emissionsrichtlinien (140 g/km CO_2 bis zum Jahr 2008) verschärfen die Situation zusätzlich.

Das Automatisierte Schaltgetriebe, ASG (bzw. engl.: Automated Shift Transmission, AST) stellt die Kombination der Vorteile des Schaltgetriebes mit den Funktionen des Automatikgetriebes dar. Die automatisierte Version des klassischen Schaltgetriebes zeichnet sich durch einen hohen Wirkungsgrad aus. Schlupfverluste wie beim konventionellen Wandlerautomaten treten nicht auf.

Der spezifische Kraftstoffverbrauch liegt im Automatikmodus unter dem niedrigen Niveau des Handschaltgetriebes.

Die Entwicklung des AST basiert auf den Erfahrungen mit dem Elektromotorischen Kupplungsmanagement (EKM).

Elektromotorisches Kupplungsmanagement (EKM)

Anwendung

Nach ersten Erfahrungen mit einem hydraulischen Kupplungsmanagement konzentrieren sich die Anwender nunmehr auf den Einsatz von Elektromotoren als Aktoren für Kupplungen im Segment der Kleinwagen. Diese Maßnahme ermöglicht Kosten- und Gewichtseinsparungen sowie eine höhere Integration. Entsprechende EKM-Systeme gibt es in der Mercedes-A-Klasse, im Fiat Seicento und im Hyundai Atoz.

Aufbau und Arbeitsweise

Der wichtigste Schritt zur Minimierung der Kosten war der Übergang vom hydraulischen zum elektromotorischen Aktor.

Dadurch entfallen Pumpe, Speicher und Ventile. Gleichzeitig entfällt ein Wegsensor im Ausrücksystem. Anstelle dessen ist der Kupplungswegsensor im elektromotorischen Aktor integriert.

Im Vergleich zu einer Hydraulikpumpe mit Speicher bietet der kleine Elektromotor eine geringe Leistungsdichte. Deshalb ist der elektromotorische Aktor nur dann geeignet, wenn er hinreichend kurze Auskuppelzeiten für schnelle Schaltungen realisieren kann.

Schaltvorgang ohne Momentennachführung
Beim konventionellen System ohne Momentennachführung (Bild 1) liegt das Kupplungsmoment weit über dem Motormoment. Grund dafür ist, dass die Trockenkupplung, die ja unter allen extremen Bedingungen mindestens das Motormoment zu übertragen hat, im Normalfall 50 bis 150 % Reserve bietet. Will der Fahrer schalten und nimmt dabei den Fuß vom Fahrpedal, fällt das Motormoment. Das Betätigen des Schalthebels löst die Schaltabsicht aus, und die Kupplung muss nun von „ganz geschlossen" bis „ganz geöffnet" bewegt werden. Dies definiert die Auskuppelzeit.

Bei zu langer Auskuppelzeit überträgt die Kupplung während der Synchronisierung des nächsten Gangs noch Moment, was zum Ratschen oder zu Getriebeschäden führen kann.

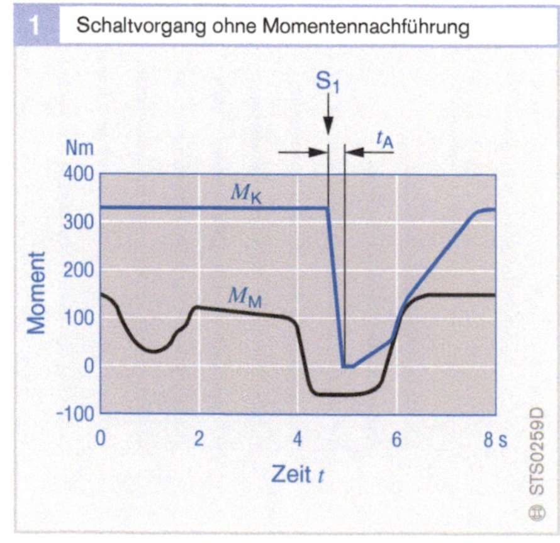

Schaltvorgang mit Momentennachführung
Die technisch anspruchsvollste Lösung zum
Vermeiden von Getriebeschäden ist die
Kombination einer kraftreduzierten Kupp-
lung mit einer „Momentennachführung".

Das Bild 2 veranschaulicht den Schaltvorgang mit Momentennachführung, bei dem
das Kupplungsmoment nur knapp über dem
Motormoment liegt. Geht dabei der Fahrer
zum Schalten vom Fahrpedal, sinkt mit dem
Motormoment auch das Kupplungsmoment.
Beim Auslösen der Schaltabsicht ist die
Kupplung somit schon beinahe geöffnet und
das restliche Auskuppeln erfolgt sehr schnell.

Das Bild 3 zeigt schematisch das Elektromotorische Kupplungsmanagement (EKM)
als Teilautomatisierung sowie das Automatisierte Schaltgetriebe (AST) als komplette
Automatisierung des Handschaltgetriebes,
beides als „Add on"-Systeme.

Elektromotorisch automatisiertes Schaltgetriebe AST

Anwendung

Das AST kommt gegenwärtig primär in den
unteren Drehmomentklassen (z. B. VW
Lupo, MCC Smart, Opel Corsa Easytronic,
siehe auch Kapitel „Getriebeausführungen")
zum Einsatz, wo es im Vergleich zum Voll-
automaten den Nachteil der Zugkraftunterbrechung durch den Kostenvorteil kom-
pensieren kann.

Aufbau und Arbeitsweise
Das elektromotorische AST verfügt über
die automatisierte Kupplungsbetätigung des
EKM-Systems. Mit einem zusätzlichen
elektromotorischen Aktor für das Getriebe
kann der Fahrer ohne mechanische Verbindung zwischen Positionshebel und Getriebe
schalten („shift by wire").

Beim AST sollen sämtliche Modifikationen
am Getriebe vermieden werden. Damit kann
der Getriebehersteller in der Produktionslinie wahlweise Handschaltgetriebe oder
AST montieren. Bosch liefert als Hardware
für dieses System (z. B. für Opel Corsa
Easytronic) die E-Motoren für Kuppeln,
Schalten und Wählen (siehe Kapitel „Getriebe, Automatisierte Schaltgetriebe") sowie
das Steuergerät. Die Verwendung von Stan-
dardkomponenten bei allen AST-Anwen-
dungen ermöglicht eine automatisierte und
kostengünstige Großserienfertigung.

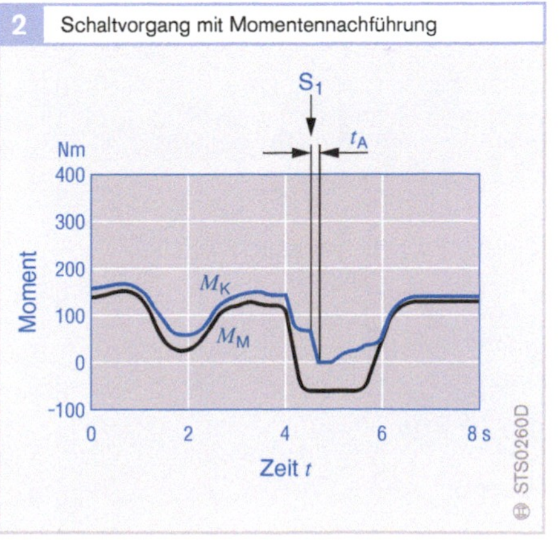

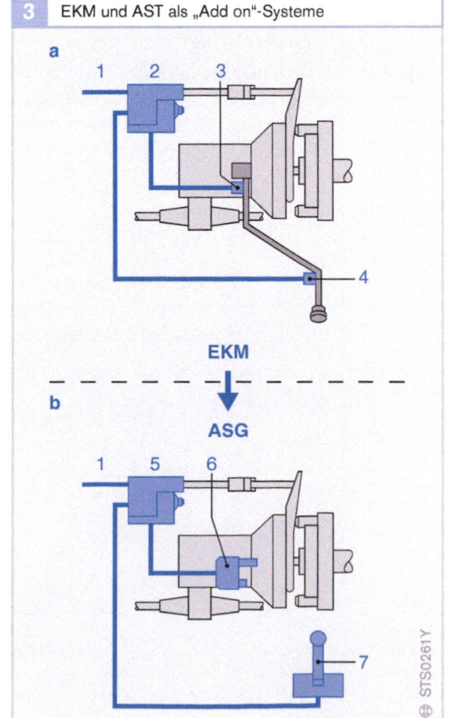

Bild 2
M_K Kupplungsmoment
M_M Motormoment
t_A Auskuppelzeit
S_1 Signal für Schalt-
  wunsch

Bild 3
a EKM
b AST

1 Vorhandene Signale
2 Kupplungsaktor
   mit integriertem
   EKM-Steuergerät
3 Gangerkennung
4 Schaltabsichts-
   erkennung am
   Schalthebel
5 Kupplungsaktor
   mit integriertem
   AST-Steuergerät
6 Getriebeaktor
7 Wählhebel

Softwaresharing

Bei der Software des AST teilen sich der Fahrzeughersteller (OEM), der Zulieferer und ggf. ein Systemintegrator die Aufgaben. Das Betriebssystem, die Signalaufbereitung sowie die hardwarespezifischen Routinen zur Ansteuerung der Aktoren kommen von Bosch. Außerdem gehen die Bosch-Erfahrungen aus dem Automatikgetriebebereich in die Zielgangbestimmung des AST ein. Dazu gehören u. a. Fahrererkennung, Bergerkennung, Kurvenerkennung und andere adaptive Funktionen (siehe auch Kapitel „Adaptive Getriebesteuerung, AGS").

Die Ansteuerung des Getriebes und die Koordination des Schaltablaufs (Kupplung, Verbrennungsmotor, Getriebe) liegen in Verantwortung des OEM beziehungsweise des Systemintegrators.

Gleiches gilt für die Kupplungssteuerung, die in wesentlichen Teilen vom EKM-System übernommen werden kann. Der jeweilige Fahrzeughersteller bringt seine markenspezifische Philosophie bezüglich der Schaltzeit bzw. Schaltpunkte und der Schaltabläufe ein.

Schaltvorgang und Zugkraftunterbrechung

Das Grundproblem beim AST ist die Zugkraftunterbrechung. Dies ist in Bild 4 die „Talsenke" der Fahrzeugbeschleunigung zwischen den beiden geschalteten Gängen. Diese Phasen des Schaltvorgangs lassen sich im Hinblick auf die Anforderungen an die Aktoren in zwei Blöcke unterteilen:
- Phasen, die sich auf die Fahrzeugbeschleunigung auswirken,
- Phasen, die reine „Tot"zeiten darstellen.

Bei den Phasen, die sich auf die Fahrzeugbeschleunigung auswirken, zeigt sich, dass eine Drosselung notwendig ist, weil zu schnelle Änderungen der Fahrzeugbeschleunigung als unangenehm empfunden werden. Die optimale Interaktion von Motor-, Kupplungs- und Getriebeeingriff führt zum bestmöglichen Verhalten.

Die Synchronisierung kann z. B. durch Zwischenkuppeln und Zwischengas unterstützt werden. In den „Tot"zeiten ist jedoch die maximale Geschwindigkeit der Aktoren gefordert. Dabei ist wichtig, dass die Synchronisierung nach dem Herausnehmen des Gangs und der folgenden schnellen Phase keinen zu harten Schlag erfährt.

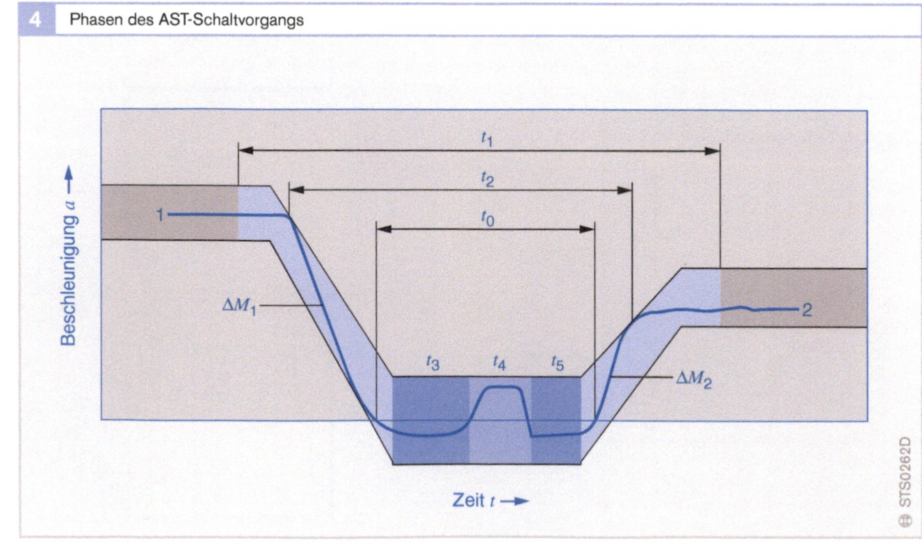

Bild 4

1	Aktueller Gang
2	nächster Gang
ΔM_1	Momentenabbau
ΔM_2	Momentenaufbau
t_0	Zugkraftunterbrechung
t_1	Schaltvorgang
t_2	Beschleunigungsvorgang
t_3	Gang herausnehmen und wählen
t_4	Synchronisierung
t_5	Gang durchschalten

4 Phasen des AST-Schaltvorgangs

Das Bild 5 zeigt einen Vergleich der erreichbaren Schaltzeiten mit einem hydraulischen und einem elektromotorischen System sowie die notwendige Schaltzeit für einen komfortablen Schaltvorgang. Die Balkenlängen entsprechen den benötigten Zeiten für die einzelnen Phasen, und es wird die gleiche Graustufung benutzt.

Bei maximaler Ausnutzung der Leistungsfähigkeit der Aktoren weist das elektromotorische System gegenüber dem hydraulischen lediglich bei der Kupplungsbetätigung einen Zeitnachteil auf. Dieser ließe sich insbesondere beim Momentenabbau durch eine

„intelligente" Steuerung wie die Momentennachführung bzw. die Interaktion von Verbrennungsmotor und Kupplung verringern.

Hervorzuheben ist, dass sich die Phasen der „Tot"zeit, „Gang herausnehmen" und „Gang einlegen" für beide Systeme kaum unterscheiden. Auch bei der komfortablen Schaltung verlängern sich die „Tot"zeiten praktisch nicht. Hingegen müssen die für die Beschleunigung relevanten Phasen jeweils zwei- bis viermal so lange wie im extremen Fall dauern, sowohl bei hydraulischer als auch bei elektromotorischer Aktorik.

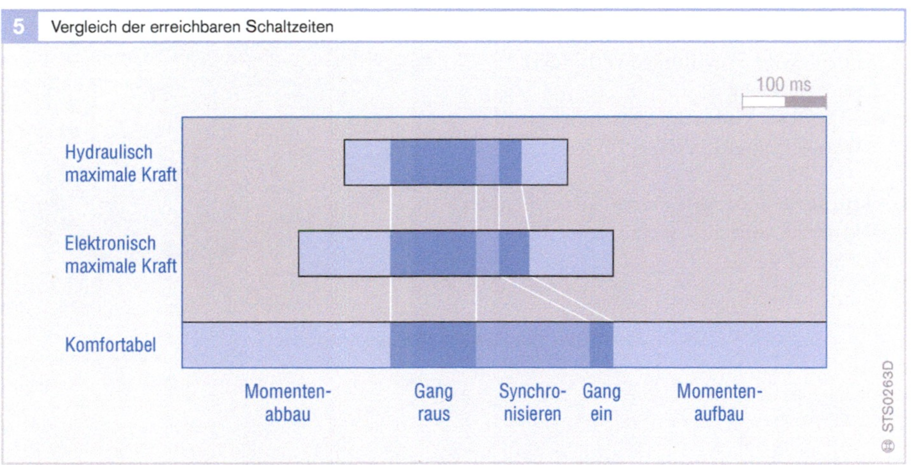

5 Vergleich der erreichbaren Schaltzeiten

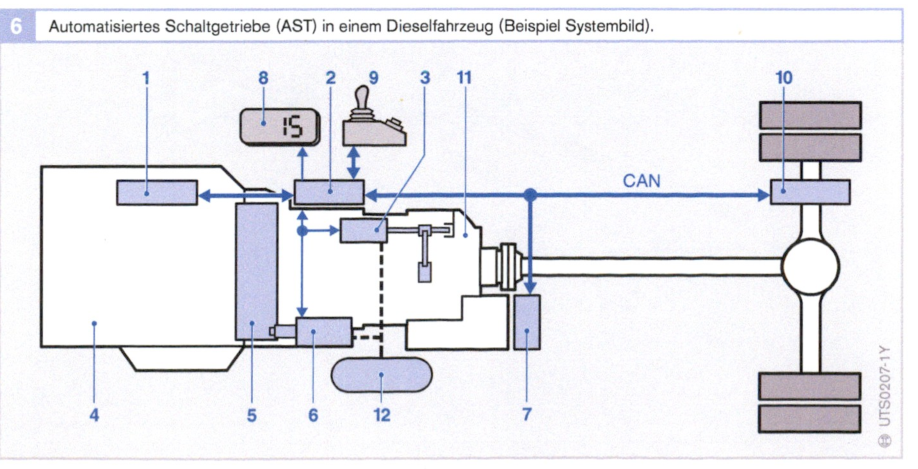

6 Automatisiertes Schaltgetriebe (AST) in einem Dieselfahrzeug (Beispiel Systembild).

Bild 6

1 Motorelektronik (EDC)
2 Getriebeelektronik
3 Getriebesteller
4 Dieselmotor
5 Trocken-Trennkupplung
6 Kupplungssteller
7 Intarder-Elektronik
8 Display
9 Fahrschalter (Wählhebel)
10 ABS/ASR
11 Getriebe
12 Luftversorgung

—— Elektrik
···· Pneumatik
—— CAN-Kommunikation

Steuerung von Automatikgetrieben

Anforderungen

Die wesentlichen Anforderungen bzw. Aufgaben der Steuerung eines Automatikgetriebes sind:

- In Abhängigkeit von verschiedenen Einflussgrößen stets den richtigen Gang schalten bzw. die richtige Übersetzung einstellen,
- den Schaltvorgang durch angepasste Druckverläufe möglichst komfortabel ausführen,
- zusätzliche manuelle Eingriffe des Fahrers umsetzen,
- Fehlbedienungen abfangen, z. B. indem unzulässige Schaltungen verhindert werden, sowie
- ATF-Öl für Kühlung, Schmierung und Wandler bereitstellen.

Aktuelle Steuerungen werden ausschließlich elektrohydraulisch ausgeführt.

Hydraulische Steuerung

Hauptaufgabe der Hydrauliksteuerung (Bilder 1 und 2) ist es, hydraulische Drücke und Volumenströme zu regeln, zu verstärken und zu verteilen. Dazu zählen die Erzeugung der Kupplungsdrücke, Versorgung des Wandlers und Bereitstellung des Schmierdrucks. Die Gehäuse der hydraulischen Steuerung bestehen aus Alu-Druckguss und enthalten mehrere feinbearbeitete Schieberventile und elektrohydraulische Aktuatoren.

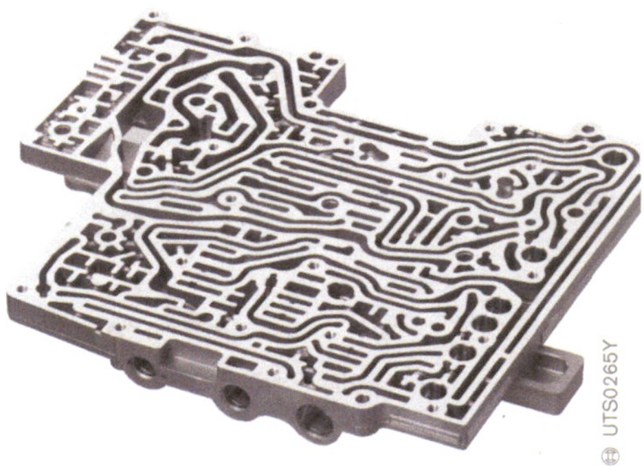

2   Hauptsteuerung mit Hydraulikventilen

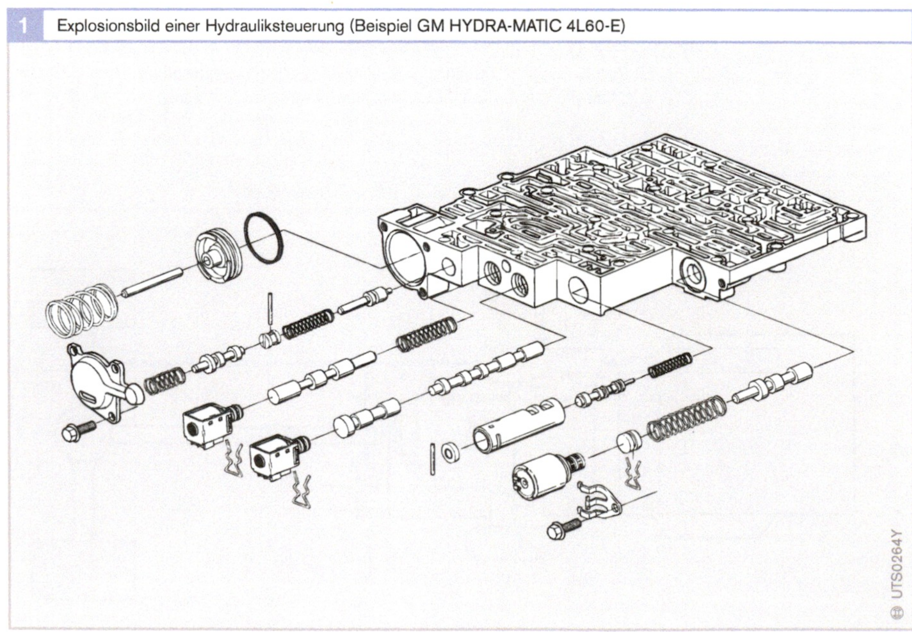

1   Explosionsbild einer Hydrauliksteuerung (Beispiel GM HYDRA-MATIC 4L60-E)

Elektrohydraulische Steuerung

Alle modernen Automatikgetriebe mit vier bis sechs Gängen sowie stufenlose Getriebe werden aufgrund ihrer umfangreichen Funktionen ausschließlich elektrohydraulisch gesteuert. Im Gegensatz zu früheren, rein hydraulischen Steuerungen mit Fliehkraftreglern, werden die Kupplungen individuell über Druckregler angesteuert, was eine präzise Modulation sowie die Realisierung geregelter Überschneidungsschaltungen (ohne Freilauf) ermöglicht.

Kupplungssteuerung

Die Kupplungssteuerung erfolgt grundsätzlich entweder mit vorgesteuertem oder mit direktgesteuertem Druck.

Vorsteuerung

Bei der Vorsteuerung wird der erforderliche Druck und Durchfluss zur schnellen Kupplungsbefüllung über ein Schieberventil im Steuergehäuse bereitgestellt. Die Druckregelung erfolgt durch einen Pilotdruck auf die Fühlfläche am Schieberventil. Ein Aktuator erzeugt diesen Pilotdruck (Bild 3).

Damit ergeben sich größere Freiheitsgrade beim „Packaging" sowie die Anwendung standardisierter Aktuatoren, hohe Dynamik und kleine Elektromagnete.

Direktsteuerung

Bei der Direktsteuerung werden der erforderliche Druck und der Durchfluss zur schnellen Kupplungsbefüllung direkt vom Aktuator bereitgestellt (Bild 4).

Es entsteht eine kompakte Kupplungssteuerung mit reduziertem Aufwand für die Hydraulik.

Schaltablaufsteuerung

Konventionelle Schaltablaufsteuerung

Die folgenden zwei Schaltfälle sind Beispiele für die konventionelle Steuerung eines einfachen 4-Gang-Automatikgetriebes mit Freiläufen (Bild 5).

Hochschaltung unter Last

Zughochschaltungen erfolgen beim Automatikgetriebe im Gegensatz zum Handschaltgetriebe ohne Zugkraftunterbrechung. Die Grafik in Bild 6 zeigt den zeitlichen Verlauf der charakteristischen Größen bei einer Hochschaltung in den direkten Gang (Übersetzung 1). Das Schalten beginnt zum Zeitpunkt t_0: Die Kupplung wird mit Öl gefüllt, und somit werden die Reibelemente aneinander gepresst. Vom Zeitpunkt t_1 an überträgt die Kupplung ein Moment. Mit dem Ansteigen des Kupplungsmoments fällt das am Freilauf abgestützte Moment ab. Bei

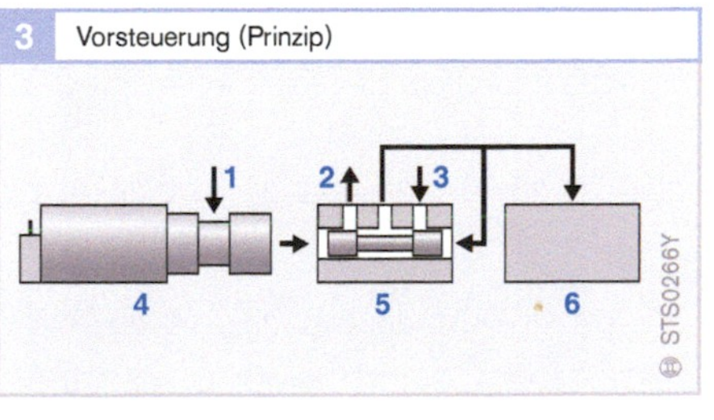

3 Vorsteuerung (Prinzip)

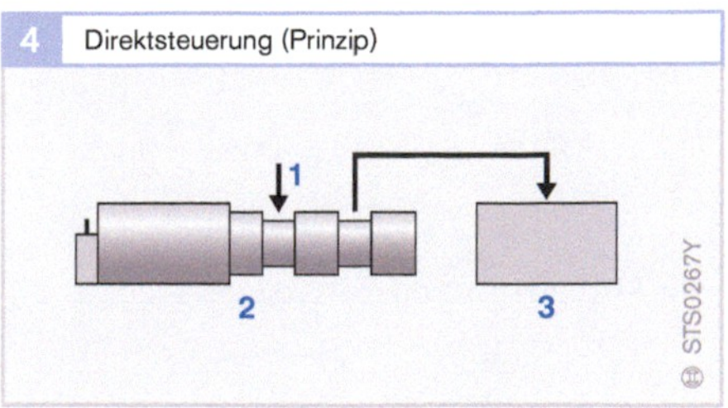

4 Direktsteuerung (Prinzip)

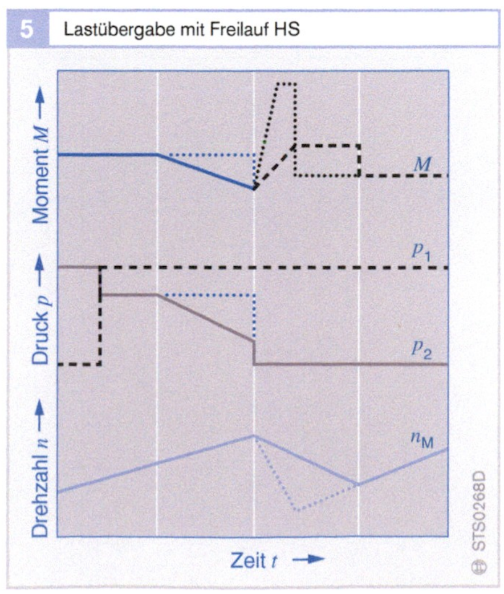

5 Lastübergabe mit Freilauf HS

Bild 3
1 Zulauf zum Aktuator
2 Ölsumpf
3 Zulauf zum Schieberventil
4 Aktuator
5 Schieberventil im Steuergehäuse
6 Kupplung

Bild 4
1 Zulauf zum Aktuator
2 Aktuator
3 Kupplung

Bild 5
p_1 Druck zuschaltende Kupplung
p_2 Druck abschaltende Kupplung
n_M Motordrehzahl
M Drehmoment

t_2 löst der Freilauf. Nun beginnt sich die Motordrehzahl zu ändern. Das Kupplungsmoment steigt bis t_3. Bis t_4 schleift die Kupplung, dann haftet sie. Nach dem Schaltende wird der Kupplungsdruck auf ein Sicherheitsniveau hochgesteuert.

Die nach t_4 verbleibende Drehzahldifferenz zwischen Motor und Getriebeausgangsdrehzahl verursacht der Wandler, der im nicht überbrückten Zustand stets mit Schlupf arbeitet.

Der Verlauf des Abtriebmomentes in der Phase $t_1...t_4$ bestimmt den Schaltkomfort. Für eine gute Schaltqualität muss der Kupplungsdruck so eingestellt sein, dass das Abtriebsmoment zwischen dem Niveau bei $t < t_1$ und dem Niveau bei $t > t_4$ liegt. Weiterhin soll der Momentensprung bei t_4 möglichst gering sein.

Die Belastung der Reibelemente ist durch das Kupplungsmoment und die Schleifzeit $(t_4 - t_1)$ bestimmt. Hier wird deutlich, dass die Steuerung des Schaltablaufs stets einen Kompromiss darstellt.

Rückschaltung unter Last

Im Gegensatz zu den Hochschaltungen erfolgen Rückschaltungen mit Zugkraftunterbrechung. Bild 7 zeigt den zeitlichen Ablauf.

Bei t_0 beginnt die Schaltung mit dem Entleeren der Kupplung. Von t_1 an wird kein Motormoment mehr übertragen, und der Motor beschleunigt hoch. Bei t_2 ist die Synchrondrehzahl des neuen Gangs erreicht, der Freilauf legt an; bis t_3 stellt sich der Wandlerschlupf entsprechend den Motormoment ein. Bei t_3 ist der Schaltvorgang beendet. Der Schaltkomfort wird durch den Momentenabfall in der Phase $t_0...t_1$ bestimmt und hängt ganz wesentlich vom Momentenanstieg zwischen t_2 und t_2 ab.

Die Steuerung aller vorkommenden Schaltfälle übernimmt weitgehend die Elektronik; der Hydraulik verbleibt vor allem die Leistungssteuerung der Kupplungen.

Bei allen neueren Getrieben (5- und 6-Gang) ersetzen aus Gewichtsgründen Kupplungen die Freiläufe. Sie benötigen aber während den Schaltungen eine „Überschneidungssteuerung" für die Kupplungen

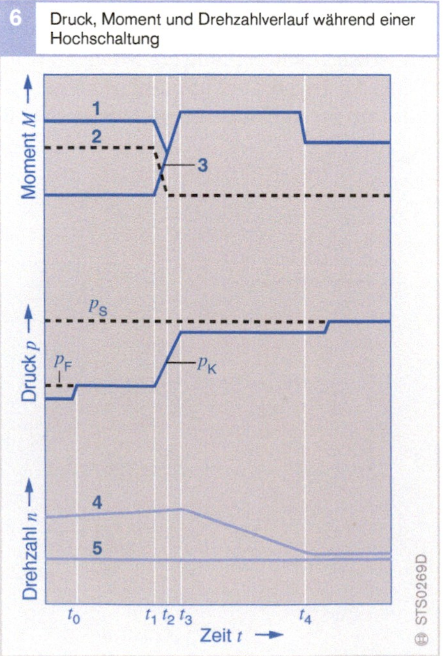

6 Druck, Moment und Drehzahlverlauf während einer Hochschaltung

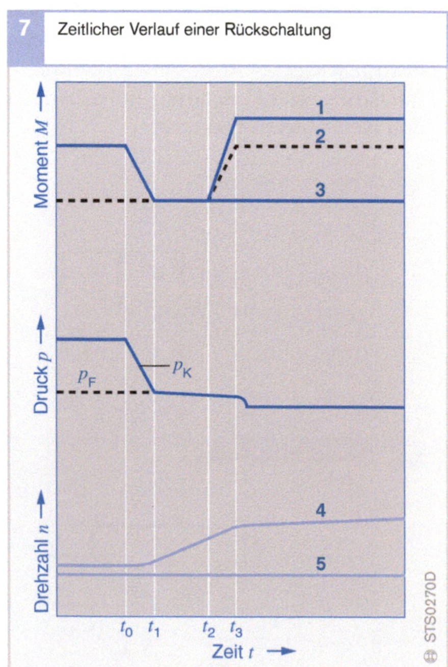

7 Zeitlicher Verlauf einer Rückschaltung

(Bild 8). Das heißt, während Kupplung 1 für Gang x öffnet, muss Kupplung 2 für Gang y schließen. Da diese Art der Steuerung sehr aufwändig und zeitkritisch ist, ist hierzu eine wesentlich höhere Rechenleistung im Steuergerät bereitzustellen als für die einfachen Schaltabläufe mit Freilaufschaltungen (siehe auch Kapitel „Steuergeräte").

Die wichtigsten Eigenschaften der Überschneidungssteuerung sind:
- geringer mechanischer Aufwand,
- wenig Bauraum,
- Mehrfachverwendung für verschiedene Gangstufen möglich,
- hohe Regelgenauigkeit für Lastübergabe notwendig,
- hoher Software-Aufwand für Momentenregelung,
- bei falscher Regelung: Drehzahlüberhöhung (Motor geht durch) bzw. Auftreten eines Bremsmoments (Extremfall: Blockieren des Getriebes).

Adaptive Drucksteuerung

Die adaptive Drucksteuerung hat die Aufgabe, über die gesamte Laufzeit des Getriebes und den damit einhergehenden Veränderungen der Reibkoeffizienten an den Kupplungsoberflächen eine gleich bleibend gute Schaltqualität zu erreichen. Außerdem kompensiert sie eine eventuelle Abweichung des berechneten bzw. des vom Motor übertragenen Drehmoments, das wegen Veränderungen am Motor oder durch Fertigungstoleranzen auftreten kann.

Eine wichtige Rolle spielt dabei die Druckadaption mithilfe der vom Hersteller applizierten Schaltzeiten. Hierzu werden die applizierten Schaltzeiten mit den real auftretenden Schaltzeiten verglichen. Liegen die Messungen mehrfach außerhalb eines vorgegebenen Toleranzbandes, werden die zu der Schaltung gehörenden Druckparameter inkrementell angepasst. Hierfür unterscheidet man zwischen der Füllzeit und der Schleifzeit der Kupplung.

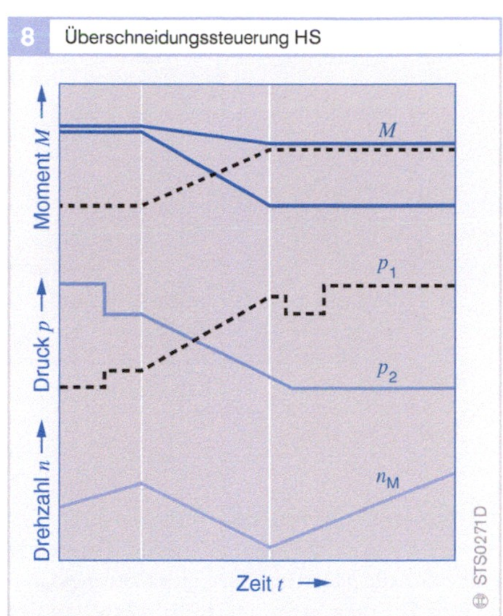

Bild 8
p_1 Druck zuschaltende Kupplung
p_2 Druck abschaltende Kupplung
n_M Motordrehzahl
M Drehmoment

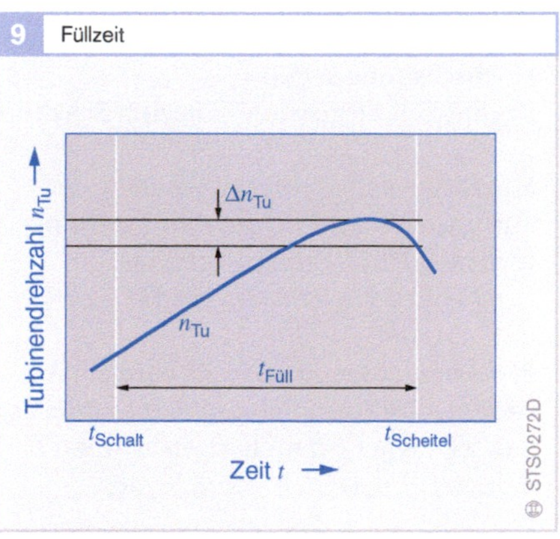

Füllzeitmessung
Die Füllzeit $t_{Füll}$ (Bild 9) ist die Zeit vom Beginn der Schaltung t_{Schalt} bis zum Beginn der Synchronisation (bei der Hochschaltung [HS] wird auf Drehzahlfall erkannt):

$$t_{Füll} = t_{Scheitel} - t_{Schalt}$$

Schleifzeitmessung
Die Schleifzeit $t_{Schleif}$ (Bild 10) der Kupplung ist die Zeit vom Erkennen des Drehzahlscheitelpunktes (Synchronisationsbeginn) bis zur vollständigen Synchronisation der Drehzahl im neuen Gang.

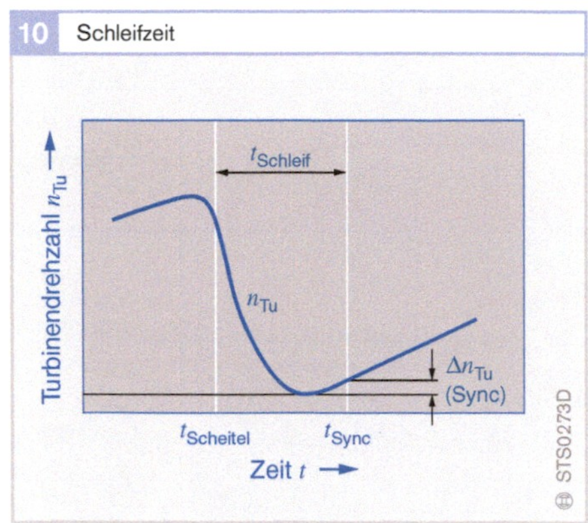

$$t_{Schleif} = t_{Sync} - t_{Scheitel}$$

Die für die Messung der Schleifzeit $t_{Schleif}$ (Bild 10) dienenden Drehzahlschwellen werden zu Schaltungsbeginn im Voraus berechnet, wobei folgender Zusammenhang für die Hochschaltungen gilt:
Beginn Füllzeitmessung = Beginn Schaltung

Scheitelpunkt: Es wird ein Absinken der Turbinendrehzahl n_{Tu} um mindestens n_{Tu} (Scheitel) Umdrehungen erkannt.
$$n_{Tu}(t-1) - n_{Tu}(t) > n_{Tu}(Diff)$$

Synchronisationsdrehzahl: Es wird ein Anstieg der Turbinendrehzahl n_{tu} um mindestens n_{Tu} (Sync) Umdrehungen erkannt.
$$n_{Tu}(t) - n_{Tu}(t-1) > \Delta n_{Tu}(Sync)$$

Druckkorrektur
Wegen der Betriebssicherheit ist die Druckadaption nur in bestimmten Grenzen erlaubt. Die typische Adaptionsbreite liegt im Bereich von ±10 % des für die Schaltung berechneten Modulationsdrucks. Außerdem werden die Korrekturwerte noch nach Drehzahlbändern unterschieden.
   Die Adaptionswerte werden nichtflüchtig gespeichert, sodass bei Neustart des Fahrzeugs wieder der optimale Modulationsdruck eingesteuert werden kann. Das Gesamtbild der Druckadaption kann auch als Indiz für Veränderungen im Getriebe gewertet werden.

Schaltpunktauswahl

Konventionelle Schaltpunktauswahl

Bei den meisten gegenwärtig erhältlichen Automatikgetrieben geschieht die Wahl des Fahrprogramms über einen Wählschalter oder einen Taster. Dabei stehen i. A. folgende Fahrprogramme zur Verfügung:
- Economy (sehr sparsam),
- Sport oder
- Winter.

Die einzelnen Programme unterscheiden sich durch die Lage der Schaltpunkte in Bezug auf die Stellung des Fahrpedals und der Fahrgeschwindigkeit. Als Beispiele dafür dienen das Economy- und Sport-Schaltkennfeld eines 5-Gang-Getriebes (Bild 11).

Schneidet nun die aktuelle Fahrgeschwindigkeit oder die dem Fahrerwunsch entsprechende Fahrpedalstellung (Fahrpedalwert) die Schaltkennlinie, so wird eine Schaltung ausgelöst. Innerhalb einer bestimmten Zeit, die von der Hydraulik des Automatikgetriebes abhängt, kann eine angeforderte Schaltung entweder abgebrochen oder aber in eine Doppelschaltung umgewandelt werden.

Der Fahrer befindet sich zum Beispiel im fünften Gang auf der Autobahn und möchte überholen. Dazu tritt er das Fahrpedal durch, und es wird eine Rückschaltung angefordert.

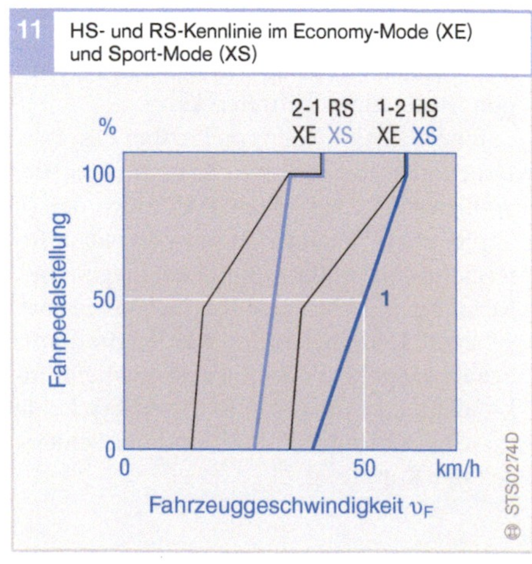

Beim starken Durchtreten des Fahrpedals wird nach der 5-4 RS- direkt auch die 4-3-RS-Schaltkennlinie geschnitten, und anstelle einer sequenziellen Rückschaltung wird eine 5-3-Doppelrückschaltung ausgeführt. Spezielle Schaltpunkte für Kickdown erlauben an dieser Stelle das Ausnützen der maximal möglichen Motorleistung.

Adaptive Getriebesteuerung (AGS)

Alle neueren Getriebesteuerungen besitzen anstelle der aktiven Fahrprogrammwahl durch den Fahrer eine Software, die es dem Fahrer erlaubt, sich den speziellen Umgebungsbedingungen während der Fahrt anzupassen. Dazu gehören in erster Linie die Fahrertyperkennung und die Fahrsituationserkennung. Umsetzungen hiervon sind die Adaptive Getriebesteuerung, AGS, von BMW bzw. das Dynamische Schaltprogramm, DSP, von Audi.

Fahrertyperkennung
Über eine Bewertung der vom Fahrer ausgeführten Aktionen lässt sich ein Fahrertyp erkennen. Dazu gehören:
- Betätigung Kickdown,
- Betätigung Bremse und
- Begrenzung über Positionshebel.

Die Kickdown-Bewertung zählt zum Beispiel, wie oft der Fahrer während einer einstellbaren Zeit den Kickdown betätigt. Kommt der Zähler über eine bestimmte Schwelle, so wählt die Fahrertyperkennung für eine gewisse Zeit das nächst sportlichere Fahrprogramm. Nach dieser Zeit schaltet es automatisch wieder auf ein sparsameres Fahrprogramm um.

Fahrsituationserkennung
Für die Fahrsituationserkennung werden verschiedene Eingangsgrößen der Getriebesteuerung zu Aussagen über den aktuellen Fahrzustand verknüpft. Folgende Situationen können i. A. erkannt werden:
- Bergauffahrt,
- Kurvenfahrt,
- Winterbetrieb und
- ASC-Betrieb.

Bergauffahrt
Das Erkennen einer Bergauffahrt mithilfe des Vergleichs der aktuellen Beschleunigung mit der angeforderten Beschleunigung über das Motormoment führt dazu, dass Hochschaltungen und Rückschaltungen bei höheren Drehzahlen ausgeführt werden und damit Pendelschaltungen verhindert werden.

Kurvenfahrt
Aus der Drehzahldifferenz der Raddrehzahlen wird errechnet, ob sich das Fahrzeug in einer Kurve befindet. Bei aktiver Kurvenerkennung werden dann angeforderte Schaltungen verzögert bzw. verboten, um die Fahrzeugstabilität zu erhöhen.

Wintererkennung
Basierend auf einer Schlupferkennung über die Raddrehzahlen wird ein Winterbetrieb erkannt. Dies dient im Wesentlichen dazu, um
- das Durchdrehenden der Räder zu verhindern und
- beim Anfahren einen höheren Gang auszuwählen, damit weniger Moment auf die Antriebsräder übertragen wird und damit ein frühzeitiges Durchdrehen der Räder verhindert wird.

ASC-Betrieb
Wird während der Fahrt erkannt, dass sich das ASC-Steuergerät (Anti-Slipping Control oder Antriebsschlupfregelung, ASR) im Regeleingriff befindet, werden angeforderte Schaltungen zur Unterstützung der ASC-Funktion unterdrückt.

Motoreingriff

Anwendung

Ein zeitlich exakt gesteuerter Verlauf des Motormoments während der Schaltvorgänge eines automatischen Getriebes bietet die Möglichkeiten, eine Getriebesteuerung im Hinblick auf Schaltkomfort, Lebensdauer der Kupplungen und übertragbare Leistung zu optimieren. Die Umsetzung des Momentenwunsches (Reduzierung) der Getriebesteuerung durch die Motorsteuerung erfolgt durch Spätverstellung des Zündzeitpunktes.

Die theoretischen Grundlagen, Verfahren und Messergebnisse werden beispielhaft am Motoreingriff über die Zündung dargestellt.

Formelzeichen und Abkürzungen

C	Federsteifigkeit des Antriebsstrangs
i	Übersetzungsverhältnis
J	Massenträgheitsmoment
k	Konstante
M	Motormoment
n	Drehzahl
q	spezifische Verlustarbeit
Q	Verlustarbeit
t	Zeit
W	Fahrwiderstand
x	Ortskoordinaxe
δ	Temperatur
ω	Winkelgeschwindigkeit
Φ	Drehwinkel
φ	Drehwinkel, linearisiert

Indizes

A	Abtrieb
F	Fahrzeug
Grenz	zulässiger Grenzwert
K	Kupplung (Reibelement)
kin	kinetischer Anteil
M	Motor (Getriebeeingang)
red	reduzierter Wert
s	Schleifzeit
Ver	Anteil aus Verbrennungsenergie (Motormoment)
•	Bezugsgröße
1	Antriebsseite der Kupplung
2	Abtriebsseite der Kupplung

Anforderungen

Die Forderung nach immer sparsamerem Kraftstoffverbrauch der Kraftfahrzeuge bestimmt auch im Bereich der Automatikgetriebe maßgeblich die Entwicklungsziele. Neben den Maßnahmen zur Verbesserung des Wirkungsgrads am Getriebe selbst (wie etwa die Wandlerüberbrückungskupplung) gehört dazu die Einführung von Getrieben mit mehr Gängen. Zusätzliche Gangstufen bedingen jedoch zwangsläufig eine erhöhte Schalthäufigkeit. Hieraus resultieren erhöhte Anforderungen an den Schaltkomfort und an die Belastbarkeit der Reibelemente.

Der Motoreingriff trägt beiden Forderungen Rechnung und eröffnet einen zusätzlichen Freiheitsgrad zur Steuerung eines Automatikgetriebes. Unter „Motoreingriff" sind alle Maßnahmen zu verstehen, die es gestatten, während des Schaltvorgangs im Getriebe das durch den Verbrennungsvorgang erzeugte Motormoment gezielt zu beeinflussen, insbesondere zu reduzieren. Der Motoreingriff lässt sich sowohl bei Hochschaltungen als auch bei Rückschaltungen anwenden.

Primäres Ziel des Motoreingriffs bei Hochschaltungen ist es, die während des Schaltvorgangs in den Reibelementen erzeugte Verlustenergie zu verringern. Dies erfolgt durch Reduzierung des Motormoments während des Synchronisationsvorgangs ohne Unterbrechung der Zugkraft. Der hierdurch gewonnene Spielraum kann genutzt werden zur:

- Erhöhung der Lebensdauer durch die Verkürzung der Schleifzeit (wenn alle übrigen Betriebsparameter im Getriebe, wie Kupplungsdruck und Anzahl der Lamellen, unverändert bleiben).
- Verbesserung des Komforts durch Reduktion des Kupplungsmoments, bewirkt durch die Absenkung des Kupplungsdrucks während der Schleifphase.
- Übertragung einer höheren Leistung, soweit dies die mechanische Festigkeit des Getriebes zulässt; in vielen Fällen ist jedoch die Verlustleistung in den Kupplungen der begrenzende Faktor.

Selbstverständlich ist auch eine sinnvolle Kombination dieser Maßnahmen im Rahmen des vorgegebenen Spielraums möglich.

Ziel des Motoreingriffs bei Rückschaltungen ist es, den Ruck zu reduzieren, der beim Greifen des Freilaufs oder eines Reibelements am Ende des Synchronisationsvorgangs auftritt. Dies bewirkt
- eine Komfortverbesserung und
- eine Unterstützung und Verbesserung der Synchronisation bei Getrieben ohne Freilauf.

Eingriffe in den mechanischen Schaltablauf

Die folgenden Ausführungen zeigen auf, welche Möglichkeiten sich für den Eingriff in den mechanischen Schaltablauf bieten. Die einzelnen Phasen einer Hoch- und Rückschaltung sind im Abschnitt „Schaltablaufsteuerung" beschrieben.

Hochschaltungen
Der Motoreingriff wird beispielhaft an einer Hochschaltung vom direkten Gang ($i = 1$) in den Overdrive ($i < 1$) behandelt. Folgende Vereinfachungen dienen dazu, die physikalischen Zusammenhänge transparenter darzustellen:
- Der Einfluss des Drehmomentwandlers wird vernachlässigt.
- Es tritt keine Überschneidung von Reibelementen auf, d. h., nur *ein* Reibelement ist an der Schaltung beteiligt.
- Das Motormoment bleibt während der Schaltung konstant, und somit ergeben sich lineare Drehzahlverläufe.
- Die Fahrzeuggeschwindigkeit während der Schaltung wird als konstant angenommen.
- Die Erwärmung der Reibbeläge durch mehrere kurz aufeinander folgende Schaltvorgänge bleibt vernachlässigt.

Hochschaltungen laufen ohne Unterbrechung der Zugkraft ab. Die Synchronisation von Motor und Getriebe erfolgt über ein Reibelement im schleifenden Eingriff. Während der Schleifzeit stellt sich zwischen

An- und Abtriebsteil der Kupplung die Relativdrehzahl ein:

$$\Delta\omega = \omega_1 - \omega_2 \tag{1}$$

Als Verlustenergie , die von den Reibelementen während des Schaltvorgangs aufgenommen oder weitergeleitet werden muss, gilt allgemein:

$$Q = \int_0^{t_\mathrm{S}} M_\mathrm{K}(t) \cdot \Delta\omega(t) \cdot \mathrm{d}t \tag{2}$$

Weiterhin gilt der Drallsatz sowohl für den An- als auch den Abtriebsteil der Kupplung. Für die Drehmassen der Antriebsseite lautet er:

$$\Delta\omega = \omega_\mathrm{A} \cdot \frac{1-i}{i} + \frac{M_\mathrm{M} - M_\mathrm{K}}{J_\mathrm{M}} \cdot t \tag{3}$$

Unter den oben genannten Voraussetzungen ergibt sich:

$$\Delta\omega = |\omega_\mathrm{M} - \omega_\mathrm{A}| = \omega_\mathrm{M}(t=0) - \omega_\mathrm{A} + \omega_\mathrm{M} \cdot t$$

oder

$$Q = M_\mathrm{K}\left[\omega_\mathrm{A} \cdot \frac{1-i}{i} \cdot t_\mathrm{s} + \frac{M_\mathrm{M} - M_\mathrm{K}}{J_\mathrm{M}} \cdot \frac{t_\mathrm{S}^2}{2}\right]$$

Somit ergibt sich aus (1), (2) und (3) bei zeitlich konstantem Kupplungsmoment die Verlustenergie in Abhängigkeit von den Parametern des Schaltablaufs zu

Die Schleifzeit selbst hängt wiederum von den Kupplungs- und Motorparametern ab, und zwar ist

$$t_\mathrm{s} = \frac{\omega_\mathrm{A}}{|\dot\omega_\mathrm{M}|} \cdot \frac{1-i}{i} = \omega_\mathrm{A} \cdot \frac{1-i}{i} \cdot \frac{J_\mathrm{M}}{|M_\mathrm{M} - M_\mathrm{K}|} \tag{4}$$

Damit ergibt sich die vom Reibelement aufzunehmende Verlustenergie zu

$$Q = \frac{1}{2} \cdot \frac{M_\mathrm{K} \cdot J_\mathrm{M}}{M_\mathrm{M} - M_\mathrm{K}} \cdot \omega_\mathrm{A}^2 \left(\frac{1-i}{i}\right)^2 \tag{5}$$

d. h., die Verlustenergie hängt nur vom Kupplungs- und Motormoment, von der Fahrgeschwindigkeit und den Übersetzungsverhältnissen ab.

Beim Einsetzen des durch (4) bestimmten Kupplungsmoments in (5) ergibt sich die Verlustenergie als Summe eines Anteils aus der kinetischen Energie, die beim Abbremsen der Drehmassen auf die Synchrondrehzahl frei wird, und eines Anteils aus der Verbrennungsenergie des Motors:

$$Q = Q_{Kin} + Q_{Ver} = J_M \cdot \frac{\omega_A^2}{2} \cdot \left(\frac{1-i}{i}\right)^2 + M_M \cdot t_S \cdot \frac{\omega_A}{2} \cdot \frac{1-i}{i} \quad (6)$$

Diese beiden Anteile haben etwa die gleiche Größenordnung. Bei Drehzahlen von $n = 3000$ min^{-1} und typischen Werten für den Gangsprung und das Motorträgheitsmoment ($i = 0{,}8$, $J_M = 0{,}3$ kg $\cdot$ m^2, $M_M = 100$ Nm, $t_S = 500$ ms) ergibt sich:

$$Q_{Ver}/Q_{kin} \approx 1...4$$

Damit zeigen sich deutlich die Möglichkeiten eines Motoreingriffs zur Reduzierung der Verlustleistung in den Reibelementen.

Ein weiterer wesentlicher Aspekt ergibt sich aus (6): Nur der aus der Verbrennungsenergie stammende Anteil der Verlustenergie hängt von der Schleifzeit t_S ab. Maßgeblich ist das Produkt aus dem Motormoment und der Schleifzeit. Das bedeutet aber, dass sich die Schleifzeit bei Reduktion des Motormoments entsprechend verlängern lässt, ohne die Gesamtverlustenergie zu erhöhen. Tatsächlich nimmt der Verschleiß der Reibelemente bei konstant gehaltener Gesamtverlustenergie sogar ab, wenn die Schleifzeit verlängert wird. Die Temperatur der Reibbeläge entspricht der Belastung der Reibelemente.

Bild 12a stellt die vom Reibelement aufgenommene Verlustenergie in Abhängigkeit vom Motormoment und der Schleifzeit dar. Die maximal zulässige Verlustenergie Q_{Grenz} und das bei dieser Schaltung zu übertragende Motormoment legen die maximale Schleifzeit fest, etwa gemäß Punkt S. Der maximal zulässigen Energie Q_{Grenz} entspricht gemäß (5) das von der Schleifzeit bestimmte Kupplungsmoment M_{KGrenz} (Punkt 1 in Bild 12b).

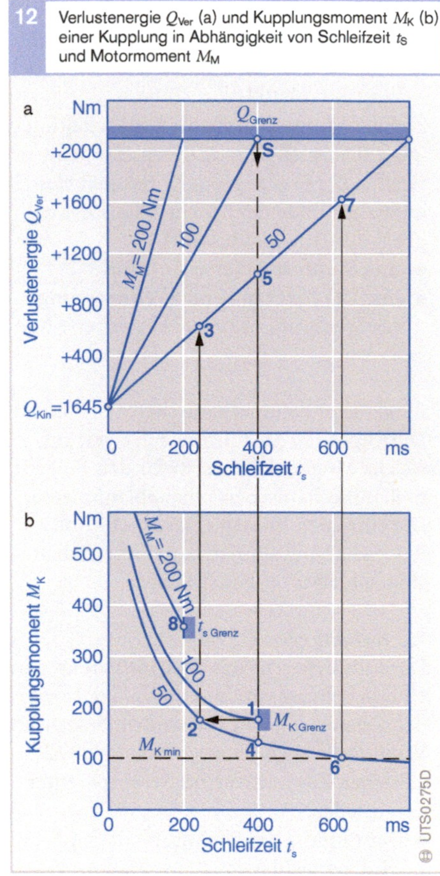

Bild 12

a Verlustenergie Q_{Ver}

b Kupplungsmoment M_K

M_{KGrenz} maximales Kupplungsmoment

M_{Kmin} minimales Kupplungsmoment

M_M Motormoment

Q_{Grenz} maximal zulässige Verlustenergie

Zur Verringerung der Verlustenergie müsste das Kupplungsmoment gegenüber Punkt S erhöht und damit die Schleifzeit verkürzt werden. Dies würde jedoch in gleichem Maß zu einer Minderung des Schaltkomforts führen. Eine Verringerung des Kupplungsdrucks ist in jedem Fall unzulässig, da ansonsten Q_{Grenz} überschritten wird.

Aus Bild 12 ist nun einfach abzulesen, welche Möglichkeiten der Motoreingriff bietet. Es sei angenommen, dass das zu übertragende Motormoment $M_M = 100$ Nm während der Schleifphase auf durchschnittlich 50 % reduziert werden kann. Betrachtet man zunächst den Fall mit konstant gehaltenem Kupplungsmoment (Schaltqualität), so führt die Reduzierung des Motormoments auf 50 Nm zu einer Verkürzung der Schleifzeit von 400 ms auf 245 ms (Punkt 1 → Punkt 2) bei gleichzeitiger Verminderung der Verlustenergie auf 61 % (Punkt 3). Hält man dagegen die Schleifzeit konstant, so kann das Kupplungsmoment von 179 Nm auf 128,5 Nm reduziert werden (Punkt 1 → Punkt 4) bei einer Verminderung der Verlustenergie auf 72 % (Punkt 5).

Die maximal sinnvolle Schleifzeit ist dann gegeben, wenn das minimale Kupplungsmoment M_{Kmin} während der Schaltung nicht kleiner als der Wert nach Schaltende wird. Einerseits würde ein kleineres Motormoment infolge des Momenteinbruchs zu einer Komfortverschlechterung führen, andererseits sollte das Kupplungsmoment aus Sicherheitsgründen auf jeden Fall so groß sein, dass das nicht reduzierte Motormoment nach Schaltende vom Reibelement übertragen werden kann.

In diesem Beispiel ist angenommen, dass das von der Kupplung mindestens zu übertragende Moment entsprechend dem Motormoment (direkter Gang) 100 Nm beträgt. Das bedeutet, dass die Schleifzeit von 400 ms auf maximal 625 ms (Punkt 6) ausgedehnt werden kann, wiederum bei gleichzeitiger Verminderung der Verlustenergie auf 88 % (Punkt 7).

Schließlich ist aus Bild 12 zu entnehmen, dass sogar ein Motormoment von 200 Nm, das ohne Eingriff eine maximale Schleifzeit von 200 ms bei einem minimalen Kupplungsmoment von 360 Nm erfordern würde (Punkt 8), auf das Beispiel mit dem Moment von 100 Nm (Punkt 1) zurückgeführt werden kann.

Die Ergebnisse dieser Betrachtung liegen insofern auf der sicheren Seite, weil die Verlängerung der Schleifzeit bei konstanter Verlustenergie zur Verringerung der Reiblagentemperatur und somit zur Schonung der Reibbeläge führt. Die Tabelle 1 enthält die Zahlenwerte zu diesen Beispielen.

M_M	M_{redM}	M_K	M_M	t_0	Q/Q_{100}
Nm	Nm	Nm	Nm	ms	%
100	100	179	400	3740	100
100	50	179	245	2285	61
100	50	128,5	400	2693	72
100	50	100	628	3290	88
200	200	360	200	3740	100
200	100	179	400	3740	100

1 Zahlenwerte zu Textbeispielen und Bild 12

Tabelle 1

Rückschaltungen
Im Gegensatz zu Hochschaltungen erfolgen Rückschaltungen im Zugbetrieb mit Lastunterbrechung. Der Motor ist vom Antriebsstrang abgekoppelt und läuft durch das von ihm erzeugte Moment frei hoch bis zur Synchrondrehzahl. Erst nach dem Anlegen des Freilaufs oder dem Fassen des Reibelements ist der Kraftschluss wiederhergestellt. Die Momentenverhältnisse beim Erreichen der Synchrondrehzahl bestimmen wesentlich den Schaltkomfort.

Zum leichteren Verständnis der charakteristischen Zusammenhänge ist die Dämpfung im Antriebsstrang in der folgenden Betrachtung vernachlässigt. Sie gilt außerdem unter der Annahme, dass sich die gesamte Fahrzeugdynamik auf Motormasse, Steifigkeit der Antriebswelle und Fahrzeugträgheit reduzieren lässt.

Bei allen auf den Getriebeausgang bezogenen Trägheitsmomente gilt während der Zugkraftunterbrechung für Motor und Fahrzeug:

$$J_M \cdot \ddot{\Phi}_M = M_M, \quad J_F \cdot \ddot{\Phi}_F = -W \qquad (9)$$

Im Moment des Greifens des Freilaufs ist der Antriebsstrang ähnlich einem Torsionsschwinger (Bild 13, nächste Seite) aufgebaut, und die Bewegungsgleichungen lauten dann:

$$J_M \cdot \ddot{\Phi}_M = c(\ddot{\Phi}_F - \ddot{\Phi}_M) + M_M \qquad (10a)$$

$$J_F \cdot \ddot{\Phi}_F = c \cdot (\ddot{\Phi}_F - \ddot{\Phi}_M) - W \qquad (10b)$$

Da in diesem Fall nicht die absoluten Drehwinkel, sondern nur die Abweichungen von der Grunddrehung (also die Verdrehung der Antriebswelle) von Bedeutung sind, lassen sich diese beiden Gleichungen zusammenfassen. Nimmt man für die kurzen zu untersuchenden Zeitabschnitte die Fahrgeschwindigkeit v als konstant an, so ergibt sich mit

$$\Phi_M = \Phi_{Mo} + \varphi_M, \ \Phi_F = \Phi_{Fo} + \varphi_F,$$
$$\dot{\Phi}_{Mo} = \dot{\Phi}_{Fo} = v = \text{const.}$$

und

$$\psi = \varphi_F - \varphi_M,$$

die Bewegungsgleichung

$$\ddot{\psi} + c \cdot \left(\frac{1}{J_M} + \frac{1}{J_F} \right) \cdot \psi = -M_M \qquad (11)$$

Die Eigenfrequenz ω_0 lautet für dieses System

$$\omega_0 = \sqrt{ c \cdot \left(\frac{1}{J_M} + \frac{1}{J_F} \right) }$$

Aus der allgemeinen Lösung ergibt sich die auf den Fahrer wirkende Beschleunigung:

$$\psi = A \cdot (\sin \omega_0 \cdot t) + B \cdot \cos (\omega_0 \cdot t) \qquad (12)$$

Aus (9) ergibt sich als Endbedingung der Hochlaufphase des Motors:

$$\ddot{\psi}_M = \frac{M_M}{J_M} \ \text{für} \ t < t_0 \qquad (13)$$

Die Energie, die hier nur zum Beschleunigen des Motors aufzubringen ist, geht beim Greifen des Freilaufs (zum Zeitpunkt t_0) sprungförmig in ein Drehmoment über, das zum Verdrehen der Antriebswelle führt:

$$\varphi_{Mo} = \frac{M}{c}$$

Aus (12) ergibt sich dann die relative Beschleunigung zu

$$\psi = \omega_0^2 \cdot \frac{M}{c} \ \cos (\omega_0 \cdot t)$$

und aus (10b) die Fahrzeugbeschleunigung zu

$$\ddot{\Phi}_F = \frac{M}{J_F} \cdot [1 + \cos (\omega_0 \cdot t)] \qquad (14)$$

Dies bedeutet, im Zeitpunkt t_0, in dem der Freilauf greift, tritt ein Beschleunigungssprung auf, und zwar

$$\text{von } \ddot{\Phi}_F = 0 \ \text{für} \ t < t_0 \qquad (15)$$
$$\text{auf } \ddot{\Phi}_F = 2 \cdot \frac{M}{J_F} \ \text{für} \ t = t_0$$

gefolgt von einer im realen Fahrzeug gedämpften Schwingung des Antriebsstrangs.

Ähnliche Verhältnisse liegen bei einer Schaltung von Reibelement zu Reibelement (Überschneidungsschaltung) vor, nur tritt dort das zusätzliche Problem auf, das Reibelement des neuen Gangs exakt bei Erreichen der Synchrondrehzahl zuzuschalten. Bei dieser Betrachtung sind zwar die dämpfenden Wirkungen des Drehmomentwandlers und des übrigen Antriebsstrangs vernachlässigt worden, umso deutlicher zeigt sich aber die Möglichkeit, die ein Motoreingriff bietet:

Die Anfangsbeschleunigung, die auf den Fahrer im Zeitpunkt t_0 wirkt, ist gemäß (13) dem Motormoment und somit der Motorbeschleunigung während der Hochlaufphase

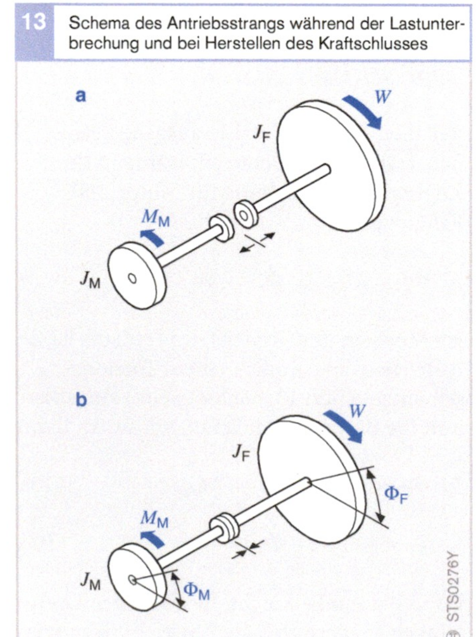

13 Schema des Antriebsstrangs während der Lastunterbrechung und bei Herstellen des Kraftschlusses

Bild 13

a   Lastunterbrechung
b   Kraftschluss

J_F Massenträgheitsmoment des Fahrzeugtriebstrangs
J_M Massenträgheitsmoment des Motors
M_M Motormoment
Φ_F Drehwinkel des Fahrzeugtriebstrangs
Φ_M Drehwinkel des Motors
W Fahrwiderstand

direkt proportional. Mit einer zeitlich präzisen Steuerung des Motormoments im Zeitabschnitt $t \leq t_0$ bis $t \gg t_0$ lässt sich ein quasi stetiger Übergang vom Bereich der Zugkraftunterbrechung in den Bereich der Zugkraftübertragung erzeugen.

Die Realisierung erfolgt durch ein starkes Reduzieren des Motormoments zum Zeitpunkt t_0 und einem anschließend wieder Hochsteuern (Aufregelung) entsprechend einer Zeitfunktion. Mit dieser Aufregelung lässt sich der Komfort in weiten Grenzen variieren.

Ebenso offensichtlich besteht bei Schaltungen ohne Freilauf die Möglichkeit, die Motorbeschleunigung durch Steuerung des Motormoments im Zeitbereich $t \leq t_0$ zu beeinflussen und somit die zeitlichen Anforderungen an die Zuschaltgenauigkeit des Reibelements am Synchronpunkt zu reduzieren.

Ablaufsteuerung

Die Reduktion des Motormoments ist prinzipiell ein sehr einfacher Vorgang. Für eine wirkungsvolle Steuerung ist jedoch eine präzise Abstimmung erforderlich, da der gesamte Vorgang nur etwa 500 ms dauert.

Eine reine Zeitsteuerung des Motoreingriffs ist nicht praktikabel, weil verschiedene den Ablauf bestimmende Größen (wie Kupplungsfüllzeiten, Reibwerte der Lamellen u. Ä.) abhängig von der Temperatur und der Lebensdauer in weiten Grenzen schwanken.

Da der Motoreingriff direkt mit dem Schaltablauf verknüpft ist, bietet sich eine Drehzahlfolgesteuerung an. Die Kenngröße, die den Schaltablauf exakt charakterisiert, ist die Getriebeeingangsdrehzahl. Mit Einschränkungen eignet sich die Motordrehzahl auch bei Getrieben mit hydrodynamischen Wandlern als Steuergröße. Dies ist deshalb wesentlich, weil für die Erfassung der Getriebeeingangsdrehzahl ein separater Sensor benötigt wird, über den aus Kostengründen nicht jedes Getriebe verfügt.
Der Übersichtlichkeit halber wird nachfol-

gend die Steuerung mit der Getriebeeingangsdrehzahl als Kenngröße beschrieben und dort, wo es erforderlich ist, auf die Einschränkungen oder die Änderungen bei Verwendung der Motordrehzahl hingewiesen.

Hochschaltungen
Der zeitliche Verlauf der charakteristischen Größen bei einer Zughochschaltung zeigt Bild 14.

Bis zum Freilaufpunkt t_2 bleibt die Übersetzung des alten Gangs erhalten; erst danach ist nur noch eine schleifende Kupplung im Eingriff. Aus diesem Grund kann das Motormoment nicht vor dem Erreichen des Freilaufpunktes reduziert werden, andernfalls würde dies ein verstärkter Einbruch des Abtriebsmoments in der Phase $t_1...t_2$ nach sich ziehen.

Das Erkennen des Freilaufpunkts geschieht durch fortlaufende Überwachung der Getriebeeingangsdrehzahl in der Zeitphase nach t_0. Hierzu wird zum einen die Maximaldrehzahl in der Zeitphase $t_0...t_3$ ermittelt, zum anderen der Drehzahlgradient. Bei einer Verringerung des Gradienten um

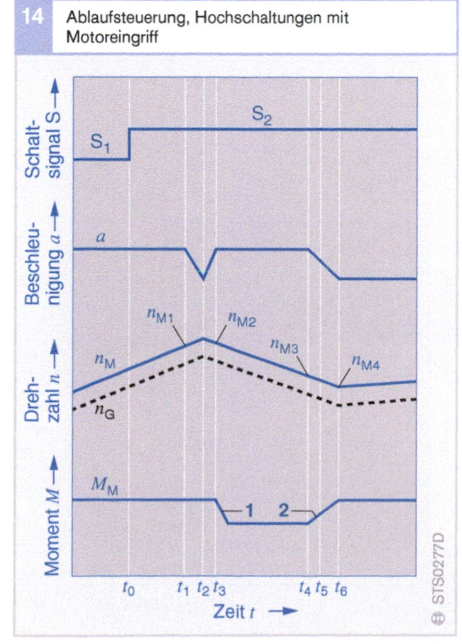

Bild 14
1   Abregelphase
2   Aufregelphase

a Beschleunigung
n_G Getriebeeingangsdrehzahl
n_M Motordrehzahl
M_M Motormoment
S   Schaltsignal

mehr als einen vorgegebenen Schwellwert wird auf „Freilaufpunkt" erkannt, und die Steuerung des Motormoments beginnt mit der Abregelung auf einen vorgegebenen Wert entsprechend einer vorgegebenen Zeitfunktion.

Zur Bestimmung der Drehzahl n_3 bei Beginn der Aufregelung wird aus der Maximaldrehzahl n_1 am Freilaufpunkt und dem Übersetzungssprung i des vorzunehmenden Gangwechsels die Synchrondrehzahl $n_4 = n_1/i$ im neuen Gang berechnet. Zu dieser Synchrondrehzahl wird ein drehzahlabhängiger Anteil Δn addiert, um einen Vorhalt für die Aufregelung zu erhalten. Bei Erreichen der Drehzahl $n_3 = n_4 + \Delta n$ beginnt die Momentenaufregelung entsprechend einer vorgegebenen Zeitfunktion. Sobald der Wert des nicht korrigierten Moments erreicht ist, wird auf „Ende der Schaltung" erkannt.

Für Hochschaltungen im oberen Lastbereich (größer als Halblast), kommt die Motordrehzahl anstelle der Getriebeeingangsdrehzahl als Steuergröße zur Anwendung, da hier die Schaltpunkte bei so großen Motordrehzahlen liegen, dass der Wandler im Kupplungsbereich arbeitet und damit etwa konstanten Schlupf hat.

Schaltungen bei Teillast laufen hingegen im Wandlungsbereich ab. Das bedeutet, dass sich der Schlupf während einer Schaltung sehr stark ändern kann. Hier eignet sich die Motordrehzahl nicht mehr zur Bestimmung der Synchrondrehzahl. In diesem Fall eignet sich für den Teilbereich $t_3...t_4$ eine überlagerte Zeitsteuerung, die den Motoreingriff nach vorgegebener Zeit beendet.

Rückschaltungen

Bild 15 zeigt den zeitlichen Verlauf der charakteristischen Größen bei einer Rückschaltung. Entscheidend für den Motoreingriff bei Rückschaltungen ist die genaue Bestimmung und Erfassung der Synchrondrehzahl, weil

- ein zu frühes Zurücknehmen des Zündwinkels die Hochdrehphase des Motors und damit die Zeit der Zugkraftunterbrechung verlängert und
- ein Motoreingriff nach dem Fassen des Freilaufs keine Komfortverbesserung, sondern sogar eine Verschlechterung bringt, da ein Momenteneinbruch für die Dauer des Motoreingriffs verursacht wird.

Aus der Getriebeeingangsdrehzahl zu Beginn der Schaltung wird über den Gangsprung die Synchrondrehzahl berechnet. Etwa 200 min⁻¹ vor Erreichen der Synchrondrehzahl wird das Motormoment schlagartig reduziert, bis die Synchrondrehzahl erreicht oder geringfügig überschritten ist. Danach wird das Motormoment wieder langsam hochgeregelt.

Infolge des Schlupfs am hydrodynamischen Drehmomentwandler kann die Synchrondrehzahl über die Motordrehzahl nicht direkt berechnet werden. Eine Berücksichtigung des Wandlerkennfeldes mit der erforderlichen Genauigkeit ist zu aufwändig.

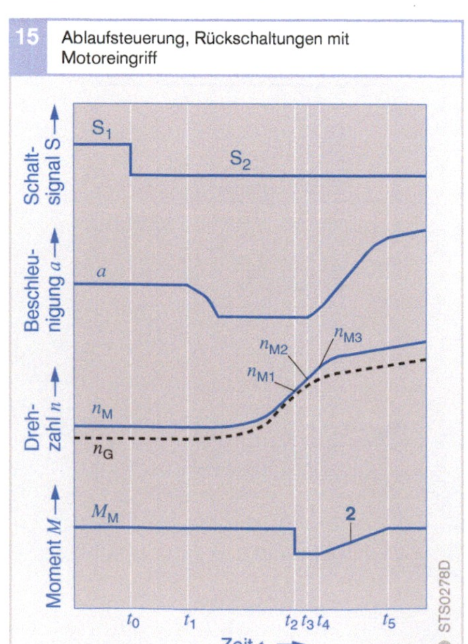

Bild 15

2   Aufregelphase
a   Beschleunigung
n_G Getriebeeingangsdrehzahl
n_M Motordrehzahl
M_M Motormoment
S   Schaltsignal

Die Synchrondrehzahl kann jedoch aus der Getriebeausgangsdrehzahl durch Multiplikation mit dem entsprechenden Gangsprung ermittelt werden. Wann der Synchronpunkt erreicht ist, lässt sich nun über die Motordrehzahl erkennen, da die Drehzahldifferenz zwischen Motor und Turbine beim freien Hochdrehen des Motors (Zugkraftunterbrechung) bis zum Synchronpunkt annähernd null ist.

Die folgende Beschreibung befasst sich nun noch mit den verschiedenen Möglichkeiten der Momentenreduktion.

Verschiebung des Zündwinkels

Die älteste Version des Motoreingriffs ist der Eingriff über die Verschiebung des Zündwinkels. Dieser bietet folgende Vorteile:
- kontinuierliche Regelung des Motormoments in weiten Grenzen,
- kurze Reaktionszeit und
- Verfügbarkeit in allen Fahrzeugen mit Ottomotor.

Bild 16 zeigt schematisiert die Abhängigkeit des Motormoments vom Zündwinkel für verschiedene Lastzustände und Drehzahlen. Hieraus wird ersichtlich, dass zur Einstellung eines vorgegebenen Motormoments im Allgemeinen ein Zündwinkelkennfeld als Funktion von Motorlast und Motordrehzahl erforderlich ist.

Die Totzeit τ zwischen der Auslösung des Motoreingriffs und der beginnenden Reduktion des Motormoments ist gegeben durch den Zündwinkel, also

$$\tau \approx \cdot \frac{1}{(z/2) \cdot n_\mathrm{M}}$$

Wobei z die Zylinderzahl und n_M die Motordrehzahl bedeuten. Im nutzbaren Drehzahlbereich $n \geq 2000\ \mathrm{min}^{-1}$ liegt die maximale Verzögerung für einen 6-Zylinder-Motor bei 10 ms für das Einsetzen und 30 ms für die vollständige Reduktion des Motormoments.

Motormomentvorgabe

In den entsprechend ausgerüsteten Fahrzeugen mit ihrer CAN-Vernetzung aller Steuergeräte im Antriebsstrang (Bild 17) erfolgt die Momentenreduktion auf Basis einer Momentenschnittstelle zwischen Motorsteuerung (ME-Motronic) und Elektronischer Getriebesteuerung (EGS). Außerdem müssen die Momentenreduktionen der ABS- und ASR-Steuergeräte mit berücksichtigt werden.

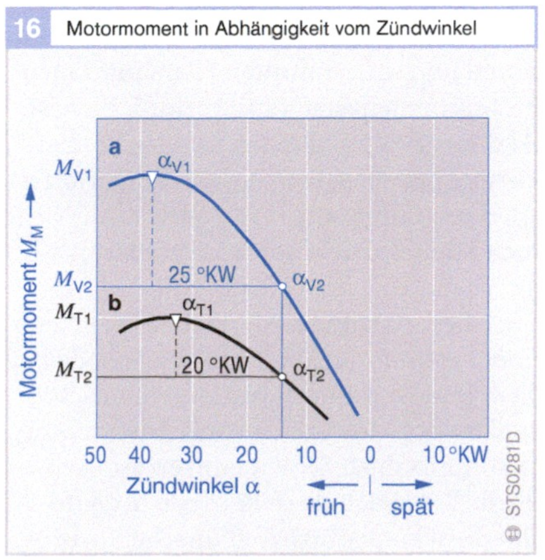

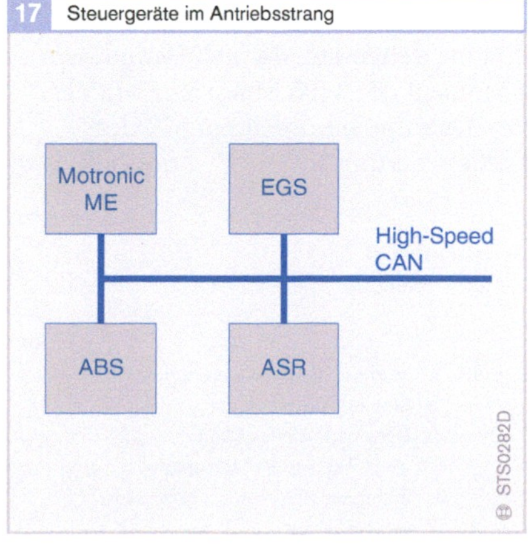

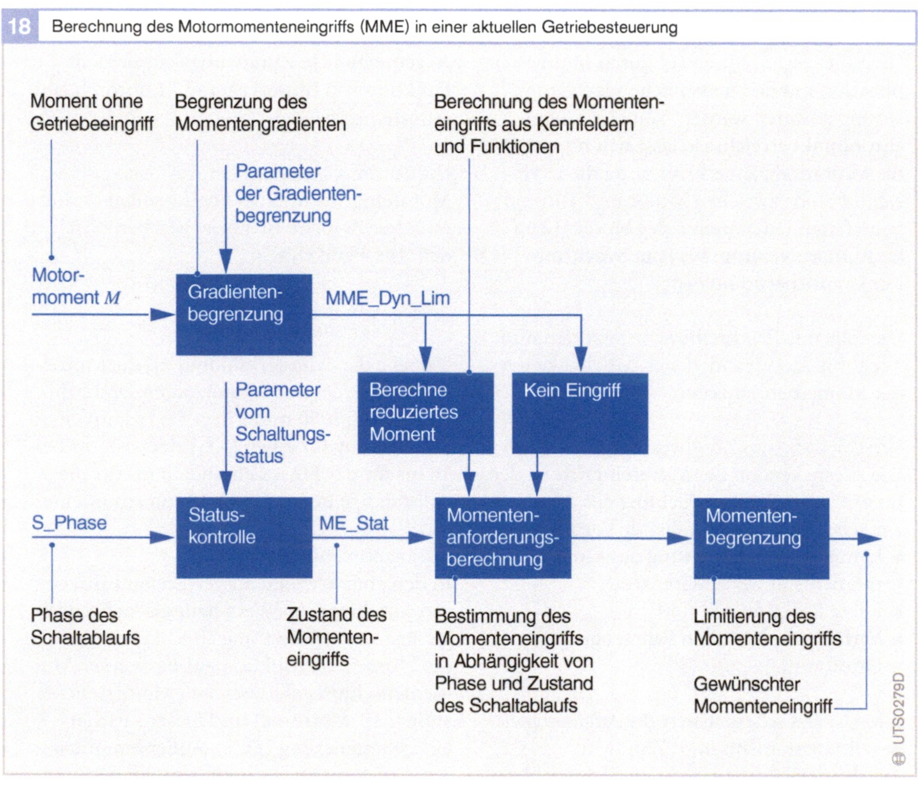

Bild 18 stellt dar, wie eine aktuelle Getriebesteuerung den gewünschten **Motormomen-
teneingriff** (MME_Egs) berechnet.

Die Ermittlung des nächsten Momenten-
eingriffs erfolgt in Abhängigkeit vom zur
Verfügung stehenden Moment (Istmoment).
Das Moment M ist das Motormoment der
Motorsteuerung ohne den Eingriff der
Getriebesteuerung.

Wandlerüberbrückungskupplung

Anwendung und Arbeitsweise

Der hydrodynamische Wandler hat (bedingt
durch sein Arbeitsprinzip) einen Schlupf, der
insbesondere aus Komfortgründen beim Anfahren und in bestimmten Fahrsituationen
zur Momentenverstärkung erforderlich ist.
Da dieser Schlupf gleichzeitig eine Verlustleistung bedeutet, wurde die Wandlerüberbrückungskupplung (WK) entwickelt (siehe
auch Kapitel „Drehmomentwandler").

Die Überbrückung des Wandlers ist erst ab
einer bestimmten Drehzahl sinnvoll, da bei
niedrigen Drehzahlen die Drehungleichför-
migkeit des Motors den Antriebsstrang zu
unkomfortablen Schwingungen anregen
würde. Um auch diese Bereiche für eine
Überbrückung nutzbar zu machen, wurde
die Geregelte Wandlerüberbrückungskupplung (GWK) entwickelt.

Geregelte Wandlerüberbrückungskupplung

Die **Geregelte Wandlerüberbrückungskupplung** (GWK) stellt einen sehr kleinen Schlupf (40...50 min⁻¹) und damit einen quasi stationären Zustand ein. Damit hält sie die unerwünschten Schwingungen vom Antriebsstrang fern. Auf diese Weise ergeben sich drei Zustände der Wandlerüberbrückungskupplung:

- offen,
- geregelt und
- geschlossen.

Die Festlegung dieser Zustände erfolgt über Kennlinien, die wie Schaltkennlinien für jeden Gang über Drosselklappenöffnung und Fahrgeschwindigkeit aufgetragen sind (Bild 19). Ähnlich wie bei den Gangschaltkennlinien sind auch bei der Wandlerüberbrückungskupplung der Kraftstoffverbrauch und die Zugkraft entscheidende Kriterien.

Im schlupfend geregelten Betrieb muss die Differenzdrehzahl zwischen Pumpen- und Turbinenrad des Wandlers ständig auf einen kleinen Wert eingestellt werden. Ein geschlossener Regelkreis vergleicht ständig die Differenzdrehzahl mit einem vorgegebenen Sollwert und regelt den Druck ständig nach. Sonderfunktionen führen Übergänge zwischen den einzelnen Zuständen aus und ermöglichen ein komfortables Schaltverhalten.

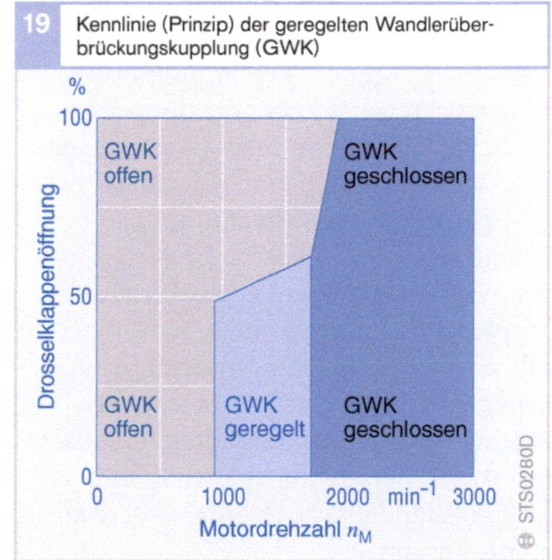

19 Kennlinie (Prinzip) der geregelten Wandlerüberbrückungskupplung (GWK)

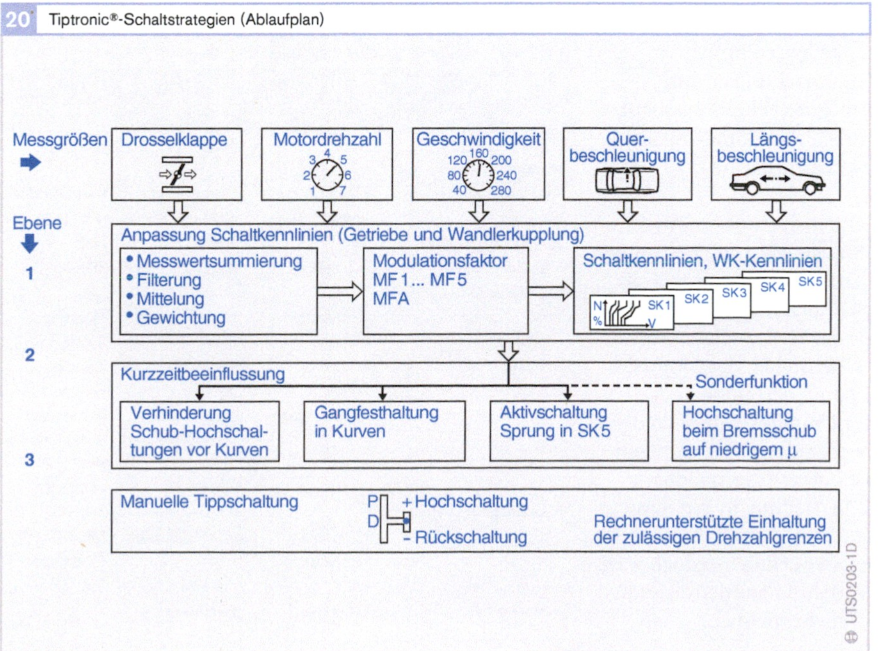

20 Tiptronic®-Schaltstrategien (Ablaufplan)

Steuerung stufenloser Getriebe

Anforderungen

Stufenlose Getriebe, die nach dem Umschlingungsprinzip arbeiten, unterscheiden sich durch eine Vielzahl von Ausstattungsvarianten (Tabelle 1). Für Fahrzeuge der Kompakt- und Mittelklasse sind folgende Ausstattungspakete weit verbreitet:

- Bei der Anwendung des „Master Slave"-Konzepts verfügt der Primärpulley (Getriebeeingangsseite) über die doppelte Fläche des Sekundärpulleys (Getriebeausgangsseite). Dadurch kann der Druck in der Primärkammer immer unterhalb des Sekundärdrucks liegen.
- Der Wandler mit Wandlerüberbrückungskupplung als Anfahrelement bietet einerseits sehr guten Anfahrkomfort und ermöglicht durch die Momentenüberhöhung ein gutes Anfahrverhalten, sodass die große Übersetzungsspreizung des CVT vollständig dem Overdrive-Bereich zugute kommt.
- Zwei Nasskupplungen für den Vorwärts- und den Rückwärtsgang.
- Verstellbare Pumpe.
- Komfortable „Fail Safe"-Strategie (Fehlerfolgeschutz) und „Limp Home"-Strategie (Notlauffunktion).

Bei einem eventuellen Ausfall der Steuerelektronik bestimmen die Anforderungen von „Fail Safe" und „Limp Home" teilweise das Hydraulikkonzept. Ein Überdrehen des Motors und damit verbunden ein hoher Umfangsschlupf an den Antriebsrädern ist unter allen Umständen zu vermeiden. Eine Verstellung in Richtung „Overdrive" würde diese Vorgabe zwar erfüllen, jedoch wäre ein Anfahren aus dem Stand nicht mehr möglich.

Steuer- und Regelfunktionen

Die zuvor beschriebene Getriebeausstattung benötigt folgende Steuer- und Regelfunktionen:

- Anpresskraftregelung,
- Übersetzungsregelung,
- Fahrprogramm,
- Kupplungsansteuerung,
- Ansteuerung für Wandler und Wandlerüberbrückungskupplung,
- Pumpenansteuerung,
- Rückwärtsgangsicherung und
- Deaktivierung der „Limp Home"-Funktion.

Anpresskraftregelung

Die Bandanpresskraft wird entsprechend der aktuellen Lastsituation mithilfe des gemessenen Sekundärdrucks eingestellt. Um einen hohen Wirkungsgrad zu erzielen, wird der Sekundärdruck so weit abgesenkt, dass das gerade aktuelle Motormoment noch ohne Durchrutschen des Bandes mit bestimmter Sicherheit übertragen werden kann.

1   Variantenvielfalt bei CVT nach dem Umschlingungsprinzip

Baugruppe, Funktion	Varianten		
Umschlingungs-element	Band	Kette	Riemen
Variatorprinzip	Master Slave	Partner-Prinzip	Partner-Prinzip
Wandler:	vorhanden	nicht vorhanden	nicht vorhanden
– Wandlerkupplung	Ja	Nein	Nein
– Schlupfdauer	kurzzeitig	ständig	ständig
Kupplung:			
– Typ	Reibflächen	Magnetpulver	Magnetpulver
– Drücke	niedrig	hoch	hoch
– Schlupfdauer	kurzzeitig	ständig	ständig
Pumpenverstellung	konstant	2-stufig	kontinuierlich
Limp Home	nicht möglich	eingeschränkt (Komfortverlust)	unbegrenzt (Erhöhung Kraftstoffverbrauch)
Fahrzeug:			
– Klasse	Klein- bis Mittelklasse	Kompaktklasse	Mittel- und Oberklasse
– Motorgröße	$<3\,l$	$<2\,l$	$>2\,l$
– Antriebsart	Front quer	Front längs	Heck

Übersetzungsregelung

Die Übersetzung lässt sich über den Primärpulley verändern. Das eingeschlossene Ölvolumen bestimmt die axiale Lage des ver-
schiebbaren Teils des Primärpulleys und
damit den Radius, auf dem das Band auf der
Scheibe umläuft. Der Primärdruck stellt sich
als Reaktion auf den Sekundärdruck ein.

Die Anforderungen an die Fahrbarkeit bestimmen die notwendige Verstellgeschwin-
digkeit. Zum Beispiel ist beim Kickdown
innerhalb von 1,5 s von „Overdrive" nach
„Low" umzusteuern. Andererseits begrenzt
die Pumpenförderung die Verstellgeschwin-
digkeit.

Fahrprogramm

Ein Fahrprogramm ermittelt die Soll-Über-
setzung. Neben verschiedenen Kennfeldern
für den Normalbetrieb, bei dem es eine
Wahlmöglichkeit zwischen ökonomischem
und sportlichem Betrieb gibt (siehe auch
Abschnitt „Adaptive Getriebesteuerung,
AGS"), lassen sich zusätzliche Sonderfunktionen wie „Kickdown", „Bergabfahrt" usw.
implementieren.

Auch die Simulation von Stufengetrieben
ist möglich, wobei zwischen der Nach-
bildung eines Handschaltgetriebes und
eines Stufen-Automatikgetriebes beliebige
Zwischenvarianten möglich sind (siehe auch
Kapitel „Getriebe für Kfz").

Kupplungsansteuerung

Die Trennkupplung zwischen Motor und
Antriebsstrang ist als Funktion der Position
des Schalthebels (P-R-N-D), der Motordrehzahl und der Motorlast ausgelegt.

Ansteuerung Wandler und Wandlerüberbrückungskupplung

Um eine möglichst hohe Effizienz zu erzielen, ist der Wandler möglichst frühzeitig zu
überbrücken. Abhängig von der Leistungs-
anforderung kommt die Momentenüberhöhung bis zu unterschiedlichen Geschwindigkeiten für den Beschleunigungsvorgang
zur Anwendung.

Pumpenansteuerung

Ein hoher Wirkungsgrad des Getriebes setzt
den Einsatz einer Verstellpumpe voraus. Mit
ihr lässt sich der Fördervolumenstrom bei
hohen Drehzahlen begrenzen.

Geeignete sauggedrosselte Pumpen, die
ohne zusätzliche Ansteuerung arbeiten, sind
seit Jahren in der Entwicklung, konnten sich
aber bisher noch nicht durchsetzen. Ein
erster Schritt in Richtung „Verstellpumpe"
wurde mit einer zweistufigen Version unter-
nommen, bei der in Abhängigkeit von der
aktuellen Anforderung das günstigere Fördervolumen gewählt werden kann.

Weitergehende Konzepte sind mit konti-
nuierlich verstellbaren Pumpen möglich,
bei denen die Sekundärdruckregelung und
die Pumpenverstellung zusammengefasst
werden.

Rückwärtsgangsicherung

Bei Vorwärtsfahrt mit Geschwindigkeiten
oberhalb einer zu definierenden Geschwin-
digkeitsgrenze (z. B. 7 km/h) wird das Einlegen des Rückwärtsgangs unterbunden.

Deaktivierung der „Limp Home"-Funktion

„Limp Home" ist eine Notlauffunktion, die
bei normalem Regelbetrieb außer Betrieb
gesetzt wird.

Ständig aktiviert bleibt aber die „Fail Safe"-
Funktion (Fehlerfolgeschutz), sodass auch
bei einem Teilausfall oder bei einem verspä-
tetem Erkennen von Teilausfällen ein Überdrehen des Motors vermieden wird.

Steuergerät

Mit der Digitaltechnik ergeben sich vielfältige Möglichkeiten zur Steuerung und Regelung elektronischer Systeme im Kraftfahrzeug. Viele Einflussgrößen können gleichzeitig mit einbezogen werden, sodass sich die Systeme bestmöglich betreiben lassen. Das Steuergerät empfängt die elektrischen Signale der Sensoren, wertet sie aus und berechnet die Ansteuersignale für die Stellglieder (Aktoren). Das Steuerungsprogramm – die „Software" – ist in einem Speicher abgelegt. Die Ausführung des Programms übernimmt ein Mikrocontroller. Die Bauteile des Steuergeräts werden als „Hardware" bezeichnet. Das Steuergerät für die „Elektronische Getriebesteuerung" umfasst alle Steuer- und Regelalgorithmen für das Triebstrangmanagement (koordinierte Steuerung von Motor und Getriebe).

Einsatzbedingungen

An das Steuergerät werden hohe Anforderungen gestellt. Es ist hohen Belastungen ausgesetzt durch
- extreme Umgebungstemperaturen (im normalen Fahrbetrieb von −40 bis +60...+140 °C),
- starke Temperaturwechsel,
- Betriebsstoffe (Öl, Kraftstoff usw.),
- Feuchteeinflüsse und
- mechanische Beanspruchung wie z. B. Vibrationen durch den Motor.

Das Steuergerät muss beim Start mit schwacher Batterie (z. B. Kaltstart) und bei hoher Ladespannung sicher arbeiten (Bordnetzschwankungen).

Weitere Anforderungen ergeben sich aus der EMV (Elektromagnetische Verträglichkeit). Die Forderungen an die elektromagnetische Störunempfindlichkeit und an die Begrenzung der Abstrahlung hochfrequenter Störsignale sind sehr hoch.

Mehr über die Anforderungen an Steuergeräte ist im „Redaktionellen Kasten" dieses Kapitels zu finden.

Aufbau

Die Leiterplatte mit den elektrischen Bauteilen (Bild 1) befindet sich in einem Kunststoff- oder Metallgehäuse. Die Sensoren, die Stellglieder und die Stromversorgung sind über eine vielpolige Steckverbindung (1) an das Steuergerät angeschlossen. Die Leistungsendstufen (3) zur direkten Ansteuerung der Stellglieder sind so im Gehäuse des Steuergeräts integriert, dass eine sehr gute Wärmeableitung zum Gehäuse und zur Umgebung gewährleistet ist.

Die meisten elektronischen Bauteile sind in SMD-Technik ausgeführt (Surface Mounted Devices, d. h. oberflächenmontierte Bauteile). Dies ermöglicht eine besonders platz- und gewichtsparende Bauweise. Nur einige Leistungsbauteile und die Stecker sind in Durchsteckmontagetechnik ausgeführt.

Für den Anbau von Steuergeräten direkt am Motor gibt es auch kompakte, thermisch höher beanspruchbare Ausführungen in Hybridtechnik.

Datenverarbeitung

Eingangssignale

Sensoren bilden neben den Stellgliedern (Aktoren) als Peripherie die Schnittstelle zwischen dem Fahrzeug und dem Steuergerät als Verarbeitungseinheit. Die elektrischen Signale der Sensoren werden dem Steuergerät über Kabelbaum und den Anschlussstecker (1) zugeführt. Diese Signale können unterschiedliche Formen haben:

Analoge Eingangssignale

Analoge Eingangssignale können jeden beliebigen Spannungswert innerhalb eines bestimmten Bereichs annehmen. Beispiele für physikalische Größen, die als analoge Messwerte bereitstehen, sind die Batteriespannung und die Getriebeöltemperatur. Sie werden von einem Analog-Digital-Wandler (ADW) im Mikrocontroller des Steuergeräts in digitale Werte umgeformt, mit denen die zentrale Recheneinheit des Mikrocontrollers rechnen kann. Die maximale Auflösung dieser Analogsignale beträgt 5 mV. Damit ergeben sich für den gesamten Messbereich von 0…5 V ca. 1000 Stufen.

Digitale Eingangssignale

Digitale Eingangssignale besitzen nur zwei Zustände: „High" (logisch 1) und „Low" (logisch 0). Beispiele für digitale Eingangssignale sind Schaltsignale (Ein/Aus) oder digitale Sensorsignale wie Drehzahlimpulse eines Hall- oder Feldplattensensors. Sie können vom Mikrocontroller direkt verarbeitet werden.

Pulsförmige Eingangssignale

Pulsförmige Eingangssignale von induktiven Sensoren mit Informationen über Drehzahl und Bezugsmarke werden in einem eigenen Schaltungsteil im Steuergerät aufbereitet. Dabei werden Störimpulse unterdrückt und die pulsförmigen Signale in digitale Rechtecksignale umgewandelt.

Signalaufbereitung

Die Eingangssignale werden mit Schutzbeschaltungen auf zulässige Spannungspegel begrenzt. Das Nutzsignal wird durch Filterung weitgehend von überlagerten Störsignalen befreit und gegebenenfalls durch Verstärkung an die zulässige Eingangsspannung des Mikrocontrollers angepasst (0…5 V).

Je nach Integrationsstufe kann die Signalaufbereitung teilweise oder auch ganz bereits im Sensor stattfinden.

Signalverarbeitung

Das Steuergerät ist die Schaltzentrale für die Funktionsabläufe der Elektronischen Getriebesteuerung. Im Mikrocontroller laufen die Steuer- und Regelalgorithmen ab. Die von den Sensoren und den Schnittstellen zu anderen Systemen (z. B. CAN-Bus) bereitgestellten Eingangssignale dienen als Eingangsgrößen. Sie werden im Rechner nochmals plausibilisiert. Mithilfe des Steuergeräteprogramms werden die Ausgangssignale zur Ansteuerung der Aktoren berechnet.

1 Aufbau eines Steuergeräts am Beispiel der Elektronischen Getriebesteuerung (GS 8.60)

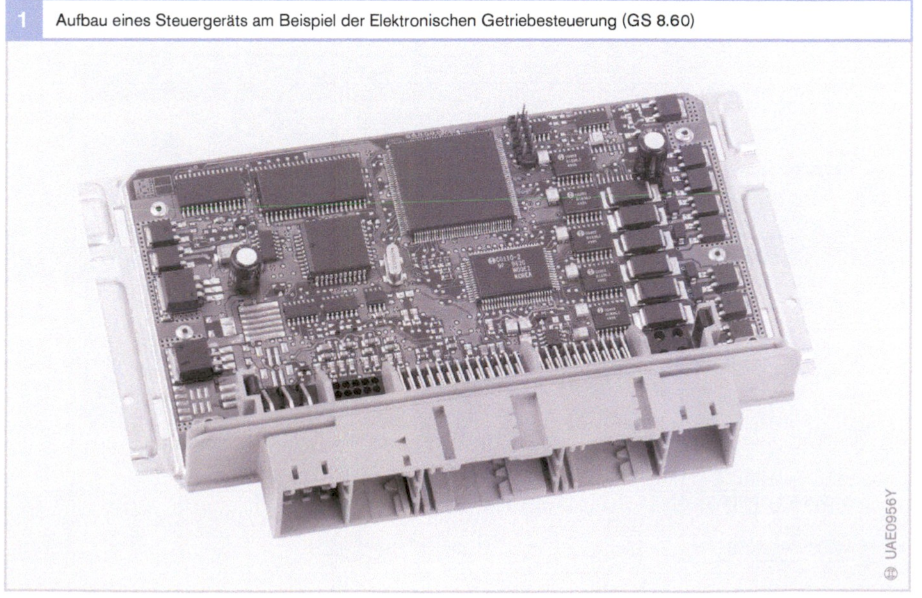

Mikrocontroller

Der Mikrocontroller ist das zentrale Bauelement eines Steuergeräts (Bild 2). Er steuert dessen Funktionsablauf. Im Mikrocontroller sind außer der CPU (Central Processing Unit, d. h. zentrale Recheneinheit) noch Eingangs- und Ausgangskanäle, Timereinheiten, RAM, ROM, serielle Schnittstellen und weitere periphere Baugruppen auf einem Mikrochip integriert. Ein Quarz taktet den Mikrocontroller.

Programm- und Datenspeicher

Der Mikrocontroller benötigt für die Berechnungen ein Programm – die „Software". Sie ist in Form von binären Zahlenwerten, die in Datensätze gegliedert sind, in einem Programmspeicher abgelegt. Die CPU liest diese Werte aus, interpretiert sie als Befehle und führt diese Befehle der Reihe nach aus.

Das Programm ist in einem Festwertspeicher (ROM, EPROM oder Flash-EPROM) abgelegt. Zusätzlich sind variantenspezifische Daten (Einzeldaten, Kennlinien und Kennfelder) in diesem Speicher vorhanden. Hierbei handelt es sich um unveränderliche Daten, die im Fahrzeugbetrieb nicht verändert werden können. Sie beeinflussen die Steuer- und Regelabläufe des Programms.

Der Programmspeicher kann im Mikrocontroller integriert und je nach Anwendung noch zusätzlich in einem separaten Bauteil erweitert sein (z. B. durch ein externes EPROM oder Flash-EPROM).

ROM

Programmspeicher können als ROM (**Read Only Memory**) ausgeführt sein. Das ist ein Lesespeicher, dessen Inhalt bei der Herstellung festgelegt wird und danach nicht wieder geändert werden kann. Die Speicherkapazität des im Mikrocontroller integrierten ROM ist begrenzt. Für komplexe Anwendungen ist ein zusätzlicher Speicher erforderlich.

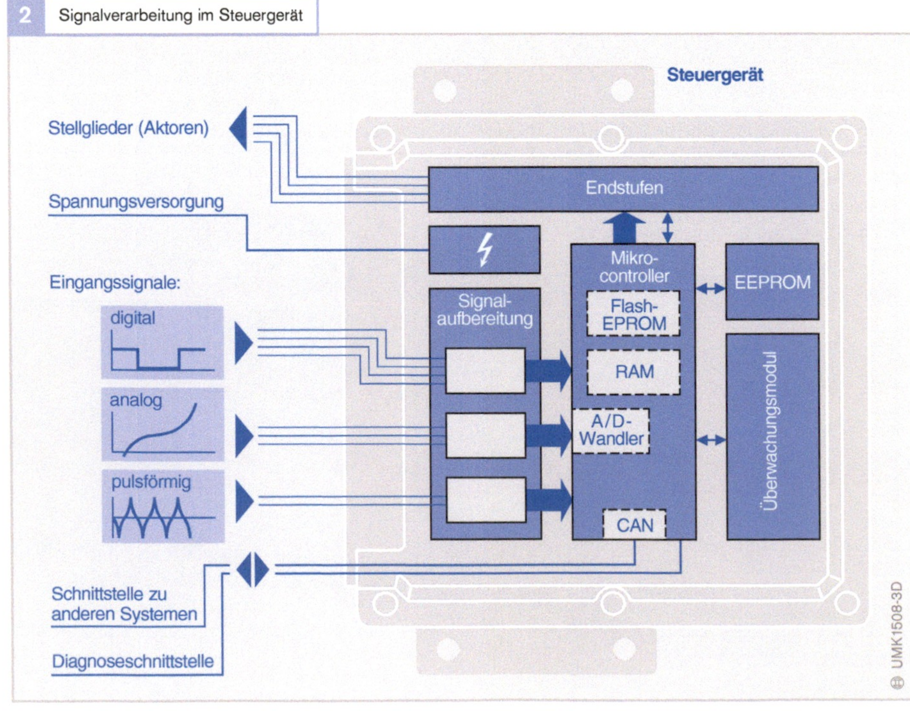

2 Signalverarbeitung im Steuergerät

EPROM
Das EPROM (Erasable Programmable
ROM, d. h. lösch- und programmierbares
ROM) kann durch Bestrahlen mit UV-Licht
gelöscht und mit einem Programmiergerät
wieder neu beschrieben werden. Das
EPROM ist meist als separates Bauteil ausgeführt. Die CPU spricht das EPROM über
den Adress-/Datenbus an.

Flash-EPROM (FEPROM)
Das Flash-EPROM ist auf elektrischem
Wege löschbar. Somit kann das Steuergerät
in der Kundendienst-Werkstatt umprogram-
miert werden, ohne es öffnen zu müssen.
Das Steuergerät ist dabei über eine serielle
Schnittstelle mit der Umprogrammierstation
verbunden.

Enthält der Mikrocontroller zusätzlich ein
ROM, so sind dort die Programmierroutinen
für die Flash-Programmierung abgelegt.
Flash-EPROMs können auch zusammen mit
dem Mikrocontroller auf einem Mikrochip
integriert sein.

Das Flash-EPROM hat aufgrund seiner
Vorteile das herkömmliche EPROM weitgehend verdrängt.

Variablen- oder Arbeitsspeicher
Ein solcher Schreib-Lese-Speicher ist notwendig, um veränderliche Daten (Variablen), wie z. B. Rechenwerte und Signal-
werte, zu speichern.

RAM
Die Ablage aller aktuellen Werte erfolgt im
RAM (**R**andom **A**ccess **M**emory, d. h.
Schreib-Lese-Speicher). Für komplexe Anwendungen reicht die Speicherkapazität des
im Mikrocontroller integrierten RAM nicht
aus, sodass ein zusätzlicher RAM-Baustein
erforderlich ist. Er ist über den Adress-/
Datenbus an den Mikrocontroller angeschlossen.

Beim Trennen des Steuergeräts von der
Versorgungsspannung verliert das RAM den
gesamten Datenbestand (flüchtiger Speicher). Adaptionswerte (erlernte Werte über
Motor- und Betriebszustand) müssen beim

nächsten Start aber wieder bereitstehen. Sie
dürfen beim Abschalten der Zündung nicht
gelöscht werden. Um das zu verhindern, ist
das RAM permanent mit Spannung versorgt
(Dauerversorgung). Beim Abklemmen der
Batterie gehen jedoch auch diese Werte verloren.

EEPROM (auch E²PROM genannt)
Daten, die auch bei abgeklemmter Batterie
nicht verloren gehen dürfen (z. B. wichtige
Adaptionswerte, Daten des Fehlerspeichers),
müssen dauerhaft in einem nicht flüchtigen
Dauerspeicher abgelegt werden. Das EEPROM
ist ein elektrisch löschbares EPROM, bei dem
im Gegensatz zum Flash-EPROM jede
Speicherzelle einzeln gelöscht werden kann.
Somit ist das EEPROM als nicht flüchtiger
Schreib-Lese-Speicher einsetzbar.

Einige Steuergeräte-Varianten nutzen
auch separat löschbare Bereiche des Flash-
EPROMs als Dauerspeicher.

ASIC
Die moderne Halbleitertechnik erlaubt nun
die Integration einer Vielzahl von elektroni-
schen Funktionen in „ASICs" (Application
Specific Integrated Circuits). Die ASICs in
den Steuergeräten lassen sich in drei Klassen
einteilen:
● Spannungsversorgung und
 -überwachung,
● Signalaufbereitung, Überwachung und
 Diagnose sowie
● Leistungsendstufen.
Durch die Hochintegration wird die
Anzahl der Bauelemente und damit der
benötigte Bauraum reduziert und die
Zuverlässigkeit gesteigert.

Überwachungsmodul
Das Steuergerät verfügt über ein Überwachungsmodul. Der Mikrocontroller und
das Überwachungsmodul überwachen sich
gegenseitig durch ein so genanntes „Frage-
und-Antwort Spiel". Wird ein Fehler erkannt, so können beide unabhängig voneinander entsprechende Ersatzfunktionen
einleiten.

Ausgangssignale

Der Mikrocontroller steuert mit den Ausgangssignalen Endstufen an, die üblicherweise genügend Leistung für den direkten Anschluss der Stellglieder (Aktoren) liefern. Es ist auch möglich, dass für besonders große Stromverbraucher bestimmte Endstufen ein Relais ansteuern.

Die Endstufen sind gegenüber Kurzschlüssen gegen Masse oder der Batteriespannung sowie gegen Zerstörung infolge elektrischer oder thermischer Überlastung geschützt. Diese Störungen sowie aufgetrennte Leitungen werden durch den Endstufen-IC als Fehler erkannt und dem Mikrocontroller gemeldet.

Schaltsignale

Mit den Schaltsignalen können Stellglieder ein- und ausgeschaltet werden (z. B. On-/Off-Ventile).

PWM-Signale

Digitale Ausgangssignale können als PWM-Signale ausgegeben werden. Diese „Puls-Weiten-Modulierten" Signale sind Rechtecksignale mit konstanter Frequenz und variabler Einschaltzeit (Bild 3). Mit diesen Signalen können verschiedene Stellglieder (Aktoren) in beliebige Arbeitsstellungen gebracht werden (z. B. PWM-Ventil).

Kommunikation innerhalb des Steuergeräts

Mikrocontroller und externe Speicher (Flash, RAM) tauschen ihre Daten über parallele Adress-/Datenleitungen aus.

Ein aktuelles 32-Bit-System verfügt über einen 32-Bit-Daten- und einen > 20-Bit-Adressbus. Diese Busse werden mit dem Mikrocomputer-Takt (~ 50 MHz) betrieben.

Für die Kommunikation mit den ASICs (langsame Ansteuersignale, Schreiben und Lesen von Diagnoseinformationen) oder dem externen E^2PROM hat sich der SPI-Bus als Standard etabliert (synchrones, serielles 3-Draht-Interface, Takt ca. 1 MHz).

EOL-Programmierung

Die Vielzahl von Fahrzeugvarianten, die unterschiedliche Steuerungsprogramme und Datensätze verlangen, erfordert ein Verfahren zur Reduzierung der vom Fahrzeughersteller benötigten Steuergerätetypen. Hierzu kann der komplette Speicherbereich des Flash-EPROMs mit dem Programm und dem variantenspezifischen Datensatz am Ende der Fahrzeugproduktion mit der EOL-Programmierung (End Of Line) programmiert werden.

Eine weitere Möglichkeit zur Reduzierung der Variantenvielfalt ist, im Speicher mehrere Datenvarianten (z. B. Motorvarianten) abzulegen, die dann durch Codierung am Bandende ausgewählt werden. Diese Codierung wird im EEPROM abgelegt.

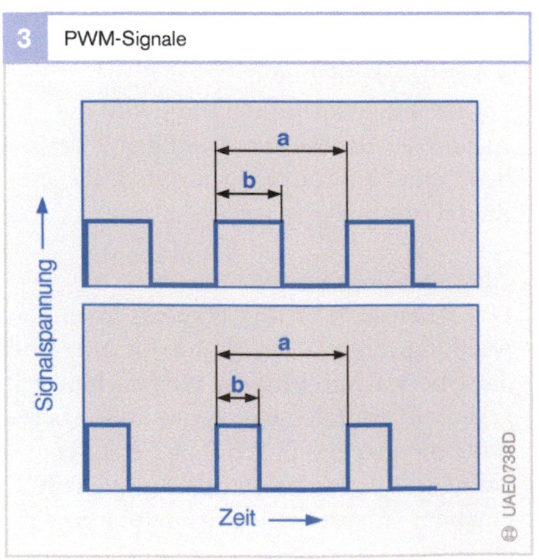

Bild 3

a Periodendauer (fest oder variabel)

b variable Einschaltzeit

Ein Steuergerät im Kraftfahrzeug funktioniert im Prinzip wie Ihr PC. Daten werden eingelesen und Ausgangssignale berechnet. Wie beim PC ist das Herzstück eines Steuergeräts die Leiterplatte mit dem Mikrocontroller in präzise gefertigter Mikroelektronik. Doch es gibt einige Anforderungen, die das Steuergerät zusätzlich erfüllen muss:

Echtzeitfähigkeit

Systeme für den Motor und das Getriebe erfordern ein schnelles Ansprechen der Regelung. Das Steuergerät muss daher „echtzeitfähig" arbeiten. Das heißt, die Reaktion der Regelung muss zeitlich mit dem physikalischen Prozess Schritt halten. Ein Echtzeit-System muss garantiert innerhalb einer definierten Zeitspanne auf Anforderungen reagieren können (Rechtzeitigkeit). Dies erfordert eine geeignete Rechnerarchitektur und eine hohe Rechnerleistung.

Integrierter Aufbau

Bauraum und Gewicht spielen im Kraftfahrzeug immer eine große Rolle. Um die Steuergeräte so klein und leicht wie möglich zu machen, werden u. a. folgende Techniken eingesetzt:

- **Multilayer:** Die zwischen 0,035 und 0,07 mm dicken Leiterbahnen sind in mehreren Schichten übereinander angeordnet.
- **SMD-Bauteile:** Diese sehr kleinen oberflächenmontierten Bauteile (**S**urface **M**ounted **D**evices) sind plan, ohne Durchkontaktierungen bzw. Bohrungen direkt auf die Leiterplatte oder das Hybridsubstrat gelötet oder geklebt.
- **ASIC:** Speziell entworfene integrierte Bausteine (**A**pplication **S**pecific **I**ntegrated **C**ircuit) können viele Funktionen zusammenfassen.

Betriebssicherheit

Redundante (zusätzliche, meist auf anderen Programmpfaden parallel ablaufende) Rechenvorgänge und eine integrierte Diagnose bieten große Sicherheit gegen Störungen.

Umwelteinflüsse

Auch die Umwelteinflüsse, unter denen die Elektronik sicher arbeiten muss, sind beachtlich:

- **Temperatur:** Steuergeräte im Kraftfahrzeug müssen je nach Anwendungsbereich im Dauerbetrieb Temperaturen zwischen −40 °C und + 60 … 140 °C standhalten. In einigen Bereichen der Substrate ist die Temperatur aufgrund der Abwärme der elektronischen Bauteile sogar noch deutlich höher. Besondere Anforderungen stellen auch die Temperaturwechsel vom kalten Fahrzeugstart bis zum heißen Volllastbetrieb.
- **EMV:** Die Elektronik des Fahrzeugs wird sehr streng auf **E**lektro**m**agnetische **V**erträglichkeit geprüft. Das heißt, elektromagnetische Störquellen (z. B. elektromechanische Steller) oder Strahler (z. B. Radiosender, Handy) dürfen das Steuergerät nicht stören. Umgekehrt darf das Steuergerät die andere Elektronik nicht beeinflussen.
- **Rüttelfestigkeit:** Steuergeräte, die im Getriebe eingebaut sind, müssen bis zu 30 g (das heißt, die 30fache Erdbeschleunigung!) aushalten.
- **Dichtheit und Medienbeständigkeit:** Je nach Einbauort muss das Steuergerät Nässe, chemischen Flüssigkeiten (z. B. Öle) und Salzsprühnebel widerstehen.

Diese und andere Anforderungen bei der steigenden Fülle von Funktionen wirtschaftlich umzusetzen, stellt an die Entwickler von Bosch ständig neue Herausforderungen.

Hybridsubstrat eines Steuergeräts

Steuergeräte für die elektronische Getriebesteuerung

Anwendung

Bei der Realisierung einer elektronischen Getriebesteuerung bestehen verschiedene Möglichkeiten, das Steuergerät im Fahrzeug zu positionieren. So gibt es zum Beispiel separate, kombinierte, angebaute oder integrierte Steuergeräte (Bild 1).

Die im Fahrzeug letztendlich genutzte Aufteilung ist im Wesentlichen bestimmt durch
- den Anteil der Fahrzeuge mit AT-Getriebe im Vergleich zu Handschaltgetrieben und
- den Anforderungen des Getriebes an die Steuerung (Leistung des eingesetzten Mikrocontrollers).

In Europa bestimmen gegenwärtig noch die separaten Leiterplattensteuergeräte ME und GS den Markt (Bild 1a). Dagegen kommt in den USA vorwiegend das kombinierte Triebstrangsteuergerät (MEG) für AT-Getriebe mit 3 oder 4 Gängen zur Anwendung (Bild 1b); denn AT-Getriebe weisen dort einen Marktanteil von über 85 % auf.

Erst die neueren Getriebetypen mit 5 oder 6 Gängen sowie die steigenden Anforderungen an die Motorsteuerung (Abgasgesetzgebung, CARB-Forderungen) bewirken auch in den USA einen Trend weg von den kombinierten Steuergeräten hin zu separaten Steuergeräten. Dieser Trend verstärkt sich noch durch die neueste 6-Gang-Getriebegeneration. In diesen Getrieben sind bereits Elektronikmodule mit integrierter Elektronik eingebaut.

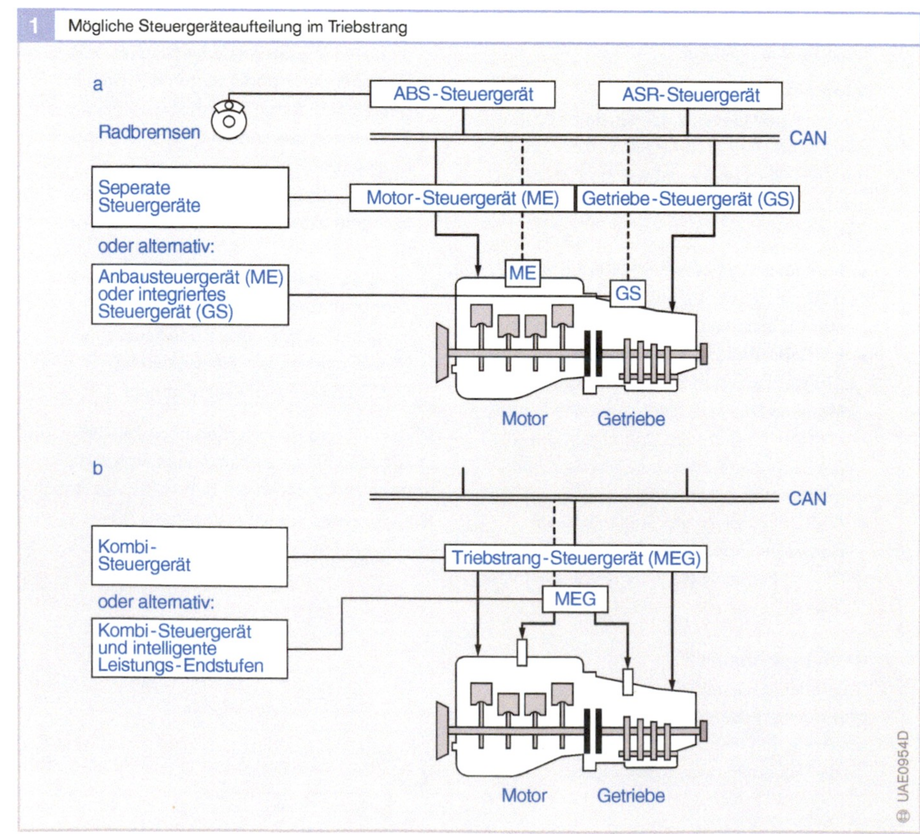

Bild 1

a Anordnung mit separaten Leiterplattensteuergeräten ME und GS

b Anordnung mit kombiniertem Triebstrangsteuergerät

Aufbau und Arbeitsweise

Im Folgenden werden nun die verschiedenen Steuergeräte mit ihrem technischen und funktionalen Inhalt näher beschrieben.

Leiterplattensteuergeräte

Die zurzeit noch am weitesten verbreiteten Steuergeräte sind Leiterplattengeräte.

Bild 2 zeigt ein Steuergerät mit einem 32-Bit-Mikrocontroller (Motorola 683xx) für ein 5-Gang-Getriebe der Firma ZF, das seit einigen Jahren bei BMW in Serie ist. Es stellt den prinzipiellen Aufbau und den Datenfluss des Steuergeräts in einem Blockschaltbild dar. Das Steuergerät lässt sich grob in drei Bereiche unterteilen:

1. Eingangsseite
Die Eingangsseite bestehend aus der Spannungsversorgung (Klemmen 15 und 30), der Signalerfassung und der Kommunikationsschnittstelle.

Zu den Eingangssignalen gehören die Signale der Motordrehzahl, Turbinendrehzahl, Abtriebsdrehzahl und Raddrehzahlen. Die Signale der Motordrehzahl und der Raddrehzahlen erhält das Getriebesteuergerät meistens über die CAN-Schnittstelle von den erfassenden Steuergeräten (Motor- und ABS-Steuergerät).

Das Steuergerät erfasst die Getriebeöltemperatur als analoges Eingangssignal, da die Eigenschaften des Öls die Schaltqualität maßgeblich beeinflusst, insbesondere in kaltem Zustand. Die Stellung des Positionshebels erhält das Steuergerät als digitales Signal. Über die CAN-Schnittstelle werden außerdem noch folgende Informationen erfasst und ausgewertet:
- Fahrpedalstellung (Fahrerwunsch),
- Kickdownschalter,
- Motortemperatur und
- Motormoment.

2. Rechnerkern
Der Rechnerkern besteht aus Mikrocontroller, Flash, RAM, EEPROM, Analog-Digital-Wandler und Bussystem CAN.

3. Ausgangsseite
Die Ausgangsseite mit ihren Endstufen für die On-/Off-Ventile, ASICs, Stromregelung (CG205) und Kleinsignalendstufen.

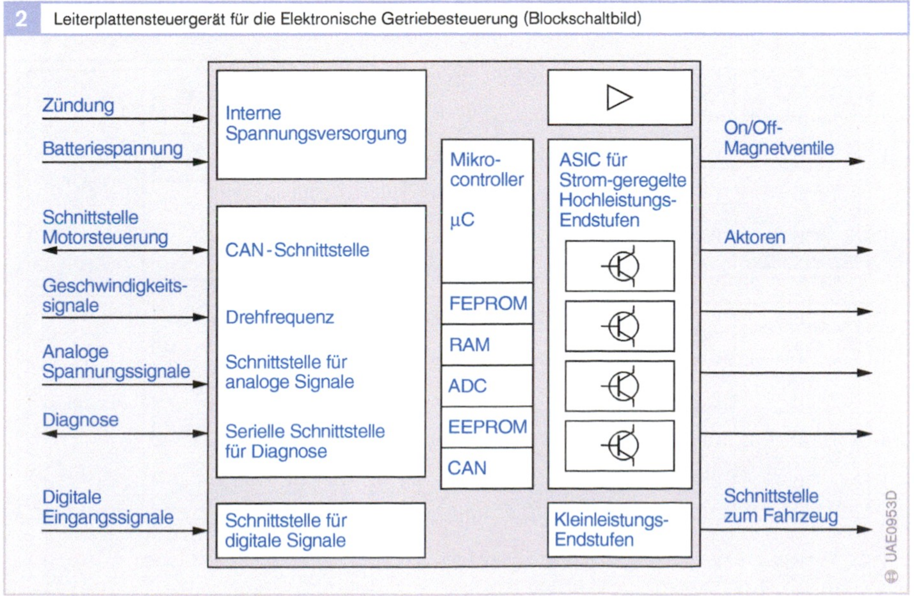

2   Leiterplattensteuergerät für die Elektronische Getriebesteuerung (Blockschaltbild)

Triebstrangsteuergeräte

Triebstrangsteuergeräte MEG (Motor-Egas-Getriebe) basieren auf den Standard-Leiterplattensteuergeräten für Motor und Getriebe. Sie kommen insbesondere in den USA zum Einsatz. Wie das Blockschaltbild in Bild 3 zeigt, besteht der wesentliche Vorteil dieses Steuergeräts darin, bestimmte Teile der Elektronik nur einmal zu verbauen und damit Kosten zu sparen.

Ein Motor-Getriebe-Steuergerät MG war auch die erste, je in Serie gegangene Umsetzung einer Elektronischen Getriebesteuerung. Dies geschah bereits 1983 für BMW mit einem ZF-Automatik-Getriebe 4HP22 (Bild 4).

4 BMW-Triebstrangsteuergerät von 1983

UAE0946Y

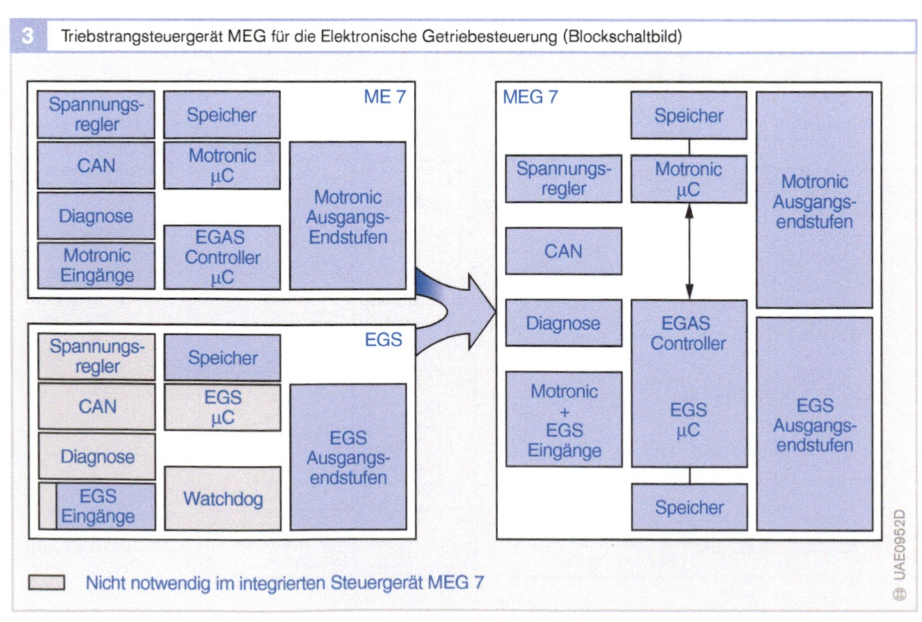

3 Triebstrangsteuergerät MEG für die Elektronische Getriebesteuerung (Blockschaltbild)

Nicht notwendig im integrierten Steuergerät MEG 7

UAE0952D

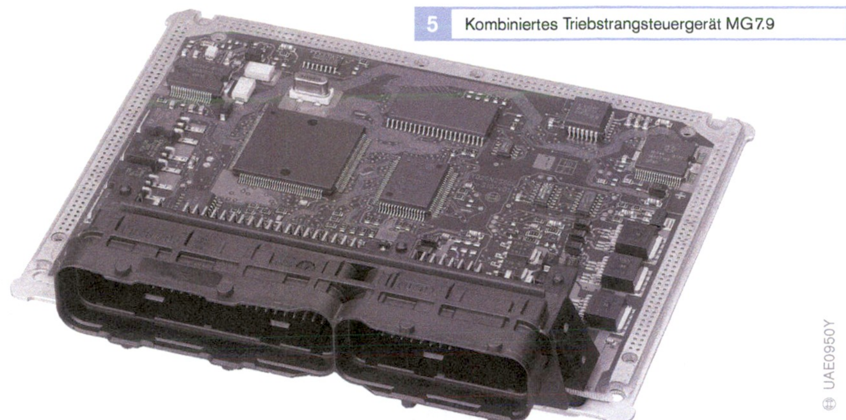

5 Kombiniertes Triebstrangsteuergerät MG 7.9

Das Bild 5 zeigt die zum Blockschaltbild in Bild 3 zugehörige aktuelle Umsetzung eines Triebstrangsteuergeräts.

Seit dieser Zeit haben sich die Anforderung an die Rechenleistung und den Speicherplatz der Steuergeräte dramatisch verändert (siehe Bild 6 und Tabelle 1).

Wie die Zahlen in Tabelle 1 zeigen, steigen die Anforderungen stetig an und ein Ende der Entwicklung ist noch nicht abzusehen.

1 Entwicklung der Rechnerperformance

Jahr	Rechner	Speicher	RAM
1983	Cosmac	8 k ROM	128 Byte
1988	80515	32 k ROM	256 Byte
1992	80517	64 k ROM	256 Byte
1996	80509	128 k Flash	2 k
199x	C167	256 k Flash	4 k
1996	683xx	256 k Flash	8 k
2001	MPC555	448 k Flash	28 k
2003	MPC555	1 MB Flash	28 k
2005	?	1,5 MB Flash	66 k

Tabelle 1

6 Steigende Anforderungen an die Rechenleistung und den Speicherplatz der Steuergeräte

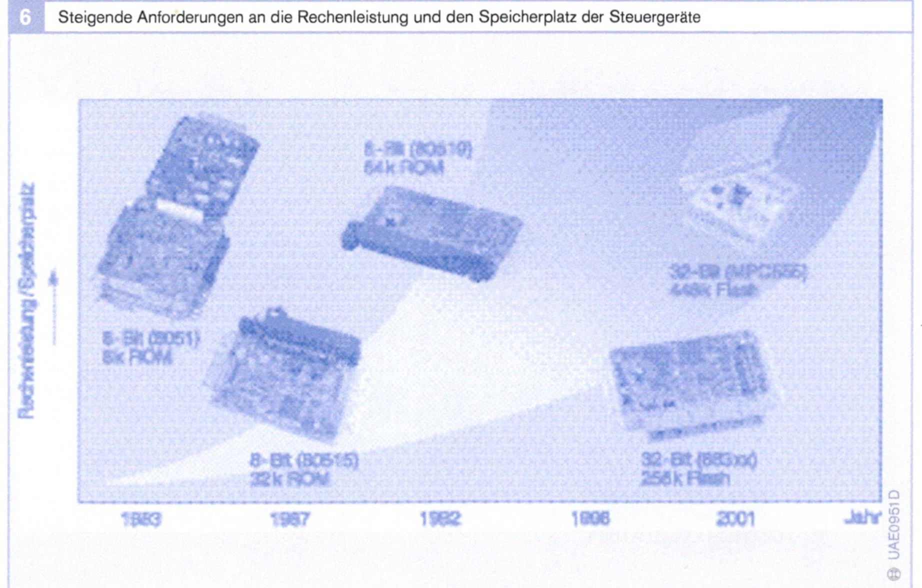

Mikrohybridsteuergeräte

Mit der Einführung neuer Getriebe (wie z. B. Ausführung 6HP26 von ZF) wandelte sich auch die Art des Steuergeräts vom Leiterplattensteuergerät hin zum Mikrohybridsteuergerät. Einfluss darauf haben die sich ändernden Anforderungen, hauptsächlich wegen der Umweltbedingungen, unter denen das Steuergerät zum Einsatz kommt (Tabelle 2).

Im Wesentlichen enthält das Mikrohybridsteuergerät den Schaltungsinhalt der Leiterplatte, allerdings werden Halbleiterbauelemente unverpackt, d. h. als „nackte" Silizium-Chips, eingesetzt. Die elektrische Kontaktierung erfolgt über Drahtbondung (bei LP-SG mit Lötung). Passive Bauelemente werden über leitenden Kleber elektrisch kontaktiert.

Im Gegensatz zu den gegenwärtig in Serie befindlichen Schaltungen mit LTCC (Low-Temperature Confired Ceramics) kommen bei den neuen Systemen mit 32-Bit-Prozessoren feinere Layoutstrukturen zur Anwendung. Dies betrifft insbesondere die Viadichte und die Bondlandgröße.

Mit dem bisherigen Bondlandraster von 450 μm wären vier Bondreihen und mindestens drei Verdrahtungslagen zur Entflechtung des Rechnerkerns notwendig. Bei dem verwendeten Viaraster von 260 μm genügen zwei Bondreihen bei sogar verringertem Flächenbedarf und nur zwei Verdrahtungslagen.

Bild 7a zeigt die Bondzonen der Rechner von ABS (44 Bonds) auf LTCC-Standardsubstrat im Vergleich zum 32-Bit-Controller in der Dieselsteuerung (240 Bonds) auf LTCC-fine-line in Bild 7b.

2	Technische Grenzen für Leiterplatten und Mikrohybrid	
Bauart	**PCB**	**Mikrohybrid**
Verbauort	Innen- oder Motorraum	Im Getriebe
Temperatur	−40...+85/+105 °C	−40...+85/+140 °C
Schütteln	...5 *g*	...30 *g*
Schutzklasse	IP 40 / IP 69	IP6K9K in ATF

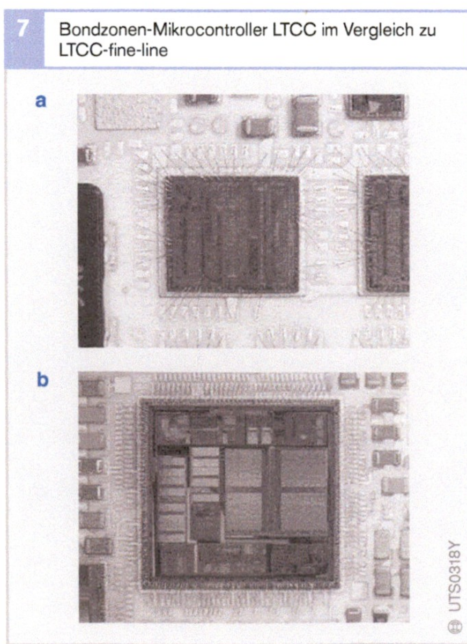

Bild 7
a   Auf LTCC-Standardsubstrat
b   auf LTCC-fine-line-Substrat

7   Bondzonen-Mikrocontroller LTCC im Vergleich zu LTCC-fine-line

a

b

UTS0318Y

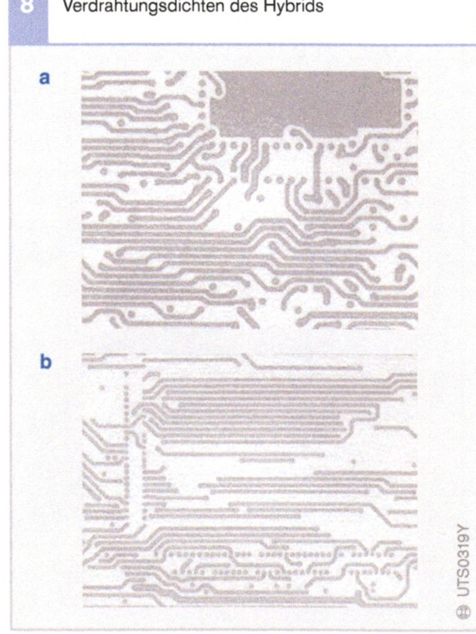

Bild 8
a   Innere Lagen
b   Rückseite mit Widerständen

8   Verdrahtungsdichten des Hybrids

a

b

UTS0319Y

Zur Ergänzung zeigt Bild 8 im Vergleich die Verdrahtungsdichte der innerer Lagen (Bild 8a) und die Rückseite des Hybrids mit den integrierten Widerständen (Bild 8b).

Folgende wesentliche Schritte führten bei den Mikrohybridsteuergeräten zu einer Prozessverbesserung:
- Einsatz feinerer Stanznadeln,
- feinere Siebe,
- Anpassung der verwendeten Pasten und
- Toleranzoptimierung durch angepasste Prozessführung.

Diese Layoutverdichtung macht es möglich, die Schaltung einer Getriebesteuerung auf einer Fläche von 2 x 1,2″ zu realisieren. Das bedeutet, dass die Substratfertigung bei dem Arbeitsformat von 8 x 6″ allein 20 Schaltungen parallel prozessieren kann.

Zur optimalen Kühlung von verlustleistungsreichen ICs werden parallel zu den Funktionsvias thermische Vias mit einem Durchmesser von 300 μm gefüllt. Die thermische Leitfähigkeit des Substrats wird so von ca. 3 W/mK auf effektiv 20 W/mK gesteigert.

Das Bild 9 zeigt den kompletten Mikrohybrid in seinem Gehäuse. Für den Montageprozess kommt folgende Aufbautechnik zur Anwendung:
- Alle Bauteile werden mit Leitkleber geklebt,
- die Bondung erfolgt mit einem 32-μm-Golddraht und einem 200-μm-Aluminiumdraht,
- der Hybrid wird mit wärmeleitendem Kleber auf die Stahlplatte geklebt,
- die Verbindung zur Glasdurchführung erfolgt durch eine 200-μm-Aluminiumdrahtbondung und
- das Gehäuse wird hermetisch dicht verschweißt.

9 Mikrohybridsteuergerät im Stahlgehäuse

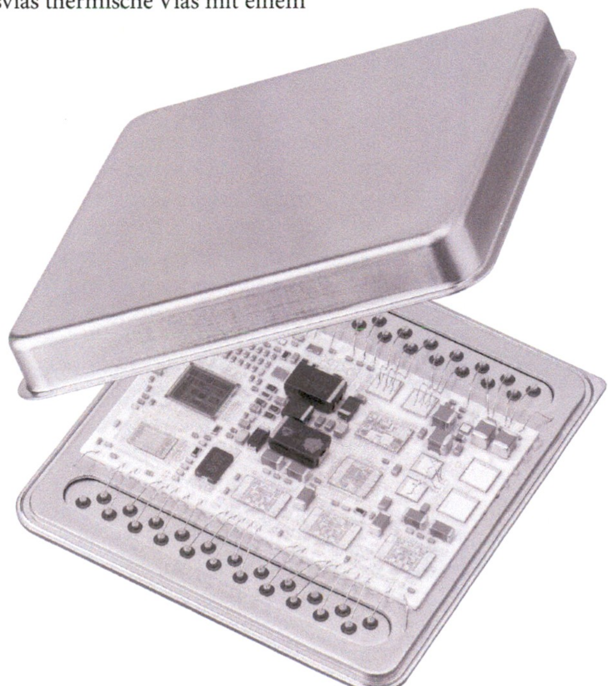

UAE0948Y

Elektrohydraulische Aktuatoren

Elektrohydraulische Aktuatoren (auch Aktoren genannt) bilden die Schnittstelle zwischen der elektrischen Signalverarbeitung (Informationsverarbeitung) und dem Systemprozess (Mechanik). Sie setzen die Stellsignale geringer Leistung in eine Stellkraft mit der für den Prozess erforderlichen erhöhten Leistung um.

Anwendung und Aufgabe

Die gegenwärtig am meisten verbreiteten Getriebetypen (AT, CVT, AST) verfügen über Aktuatoren für die unterschiedlichsten Funktionen. Die Tabelle 1 gibt einen Überblick über die wichtigsten Einsatzfälle und zeigt die Verknüpfung zwischen den Getriebefunktionen und den einsetzbaren Aktuatortypen auf.

Die Aktuatoren sind wesentliche Schalt- und Steuerelemente der elektrohydraulischen Getriebesteuerung. Sie kontrollieren den Ölfluss und die Druckverläufe in der hydraulischen Steuerplatte. Man unterscheidet folgende Aktuatortypen:
1. **On-/Off**-Magnetventile (On/Off, o/o)
2. Pulsweitenmodulierte Magnetventile (PWM)
3. Druckregler Schieber (DR-S)
4. Druckregler Flachsitz (DR-F)

In den meisten Automatikgetrieben dienen diese Aktuatoren gegenwärtig als „Vorsteuerelemente", deren Ausgangsdruck bzw. Volumenstrom in der hydraulischen Steuerplatte verstärkt wird, bevor er die Kupplungen bedient. Demgegenüber können „Direktsteller" ohne diese Verstärkung die Kupplungen mit entsprechend hohem Druck und Volumenstrom versorgen.

Anforderungen

Aus dem Einbauort (am Getriebe innerhalb der Ölwanne) ergeben sich weitreichende Anforderungen und anspruchsvolle Einsatzbedingungen für die zur Anwendung kommenden Aktuatoren. Bild 1 fasst diese Anforderungen zusammen.

Da künftig immer mehr Getriebe über eine „lebenslange" Ölfüllung verfügen, also keinen Getriebeölwechsel benötigen, verbleiben Abrieb und Schmutzpartikel aus dem Einlaufvorgang während des gesamten Betriebs im Ölkreislauf. Auch zentrale Ansaugfilter und Einzelfilter auf den Aktuatoren können nur Partikel über einer bestimmten Größe zurückhalten. Zu feine Filter würden sich bald zusetzen.

Dazu kommt, dass die Laufleistung der Getriebe immer höher wird: 250 000 km sind für übliche Pkw mindestens vorauszusetzen, für Taxibetrieb und ähnliche Einsatzbedingungen weit mehr.

Im Unterschied zu vielen anderen Elektromagneten (z. B. in ABS-Ventilen) müssen Aktuatoren für die Getriebesteuerung im gesamten Temperaturbereich auf 100 % Ein-

1   Getriebefunktionen und zugehörige Aktuatoren

Stufen-Automatikgetriebe (AT)

Funktion	Aktuatortyp			
	PWM	DR-F	DR-S	On/Off
• Hauptdruck regeln/steuern	X	X	X	
• Gangwechsel auslösen: 1-2-3-4-5-6		X		X
• Schaltdruck modulieren	X	X	X	
• Wandlerkupplung schalten/regeln	X	X		X
• Rückwärtsgangsperre				X
• Sicherheitsfunktionen		X		X

Stufenlose Automatikgetriebe (Pulley-CVT)

Funktion	Aktuatortyp			
	PWM	DR-F	DR-S	On/Off
• Übersetzung verstellen		X	X	
• Bandspannung regeln		X	X	
• Anfahrkupplung steuern	X	X	X	
• Rückwärtsgangsperre				X

Automatisiertes Schaltgetriebe (AST)

Übliche elektromotorische Betätigung:
- Gangwechsel auslösen
- Kupplung betätigen
- Sicherheitsfunktionen (fail-safe)

schaltdauer ausgelegt sein, da sie z. B. während des „Gang-Haltens" den Druck halten oder während der Fahrt eine Wandlerkupplung regeln müssen. Daraus leitet sich die Notwendigkeit zur Begrenzung der Verlustleistung und entsprechend groß dimensionierte Kupferwicklungen ab.

Fahrzeug- bzw. getriebespezifische Funktionscharakteristika (Schalt- bzw. Regelverhalten, technische Kenndaten), auf den Einsatzfall zugeschnittene elektrische und hydraulische Schnittstellen und der Zwang zu Miniaturisierung und Kostenreduzierung sind weitere Randbedingungen für die Entwicklung von Aktuatoren für die Getriebesteuerung.

Aufbau und Arbeitsweise

Automatikgetriebe benötigen *Schaltventile* für die einfachen Ein-Aus-Schaltvorgänge und/oder *Proportionalventile* für die stufenlose Druckregelung. Bild 2 zeigt verschiedene Möglichkeiten der Umsetzung eines Eingangssignals (Strom bzw. Spannung) in ein Ausgangssignal (Druck). Grundsätzlich lässt sich ein proportionales oder ein umgekehrt proportionales Verhalten der Aktuatoren realisieren.

Ein-Aus-Ventile werden in der Regel spannungsgesteuert betrieben, d. h. die Batteriespannung liegt an der Kupferwicklung an. Der Hydraulikteil des Ventils ist entweder als

Öffner (stromlos geschlossen, englisch: normally closed, n.c.) oder als Schließer (stromlos offen, englisch: normally open, n.o.) ausgeführt.

PWM-Schaltventile eignen sich wegen ihres pulsweitenmodulierten Eingangssignals (Strom mit konstanter Frequenz, variables Verhältnis von Ein- zu Ausschaltzeit) als Drucksteller, deren Ausgangsdruck proportional bzw. umgekehrt proportional zum „Tastverhältnis" verläuft. Man spricht von steigender oder fallender Kennlinie.

Druckregelventile schließlich werden mit einem geregelten Eingangsstrom betrieben und können ebenfalls mit steigender oder fallender Kennlinie ausgeführt sein. Hierbei handelt es sich um eine analoge Ansteuerung, während das PWM-Ventil digital angesteuert wird.

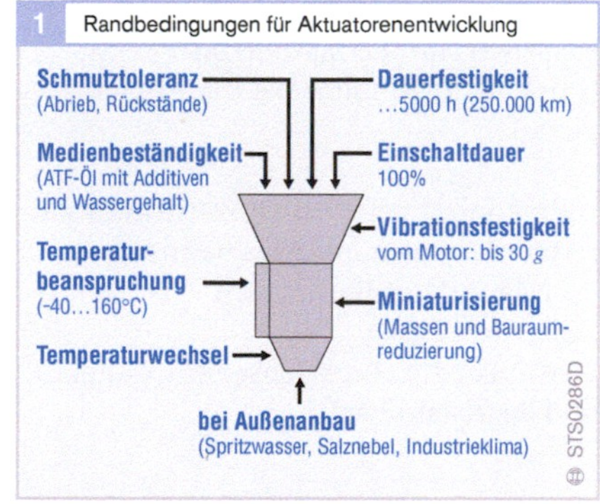

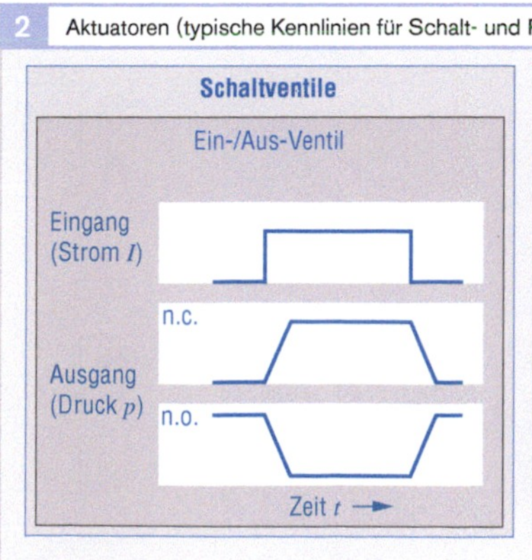

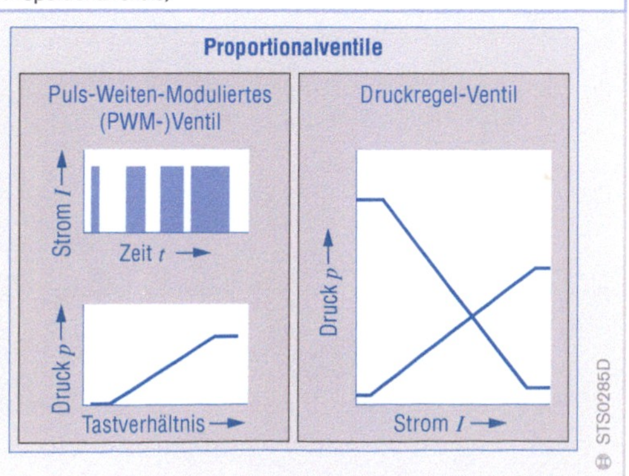

Aktuatorausführungen

Überblick

Die folgenden Ausführungen behandeln
Beispiele von gängigen Aktuatoren für die
Getriebesteuerung mit ihren Kennwerten
und Charakteristika (Übersicht Bild 1). Die
Beispiele beziehen sich auf Vorsteuerungs-
aktuatoren, die in einem Druckbereich von
400 bis ca. 1000 kPa arbeiten und auf ein
Verstärkungselement in der Hydrauliksteuerung des Getriebes wirken. Schieberkolben
innerhalb der Hydrauliksteuerung verstärken den Druck und/oder den Volumenstrom.

Die beschriebenen Aktuatoren können im
konkreten Anwendungsfall an ihren Schnittstellen entsprechend den Bedingungen im
Getriebe gestaltet sein, z. B.
- mechanisch (Befestigung),
- geometrisch (Einbauraum),
- elektrisch (Kontaktierung) oder
- hydraulisch (Schnittstelle zur Steuerplatte).

Die Funktionsdaten müssen konstruktiv an
die Anforderungen im Getriebe angepasst
sein, insbesondere hinsichtlich
- Zulaufdruck und
- Dynamik (d. h. Reaktionsgeschwindigkeit
  und Regelstabilität).

On-/Off-Magnetventile

On-/Off-Magnetventile (Bild 2) sind als einfache „3/2-Ventile" (3 Hydraulikanschlüsse/
2 Schaltstellungen) am weitesten verbreitet.
Sie sind, verglichen mit den in der Stationär-
hydraulik eher üblichen 4/3-Ventilen, deutlich einfacher aufgebaut und deshalb kostengünstig. Sie haben aber auch nicht die Nachteile der 2/2-Ventile (wie hohe Leckage oder
begrenzten Durchfluss, bedingt durch deren
Zusammenwirken mit einer externen
Blende).

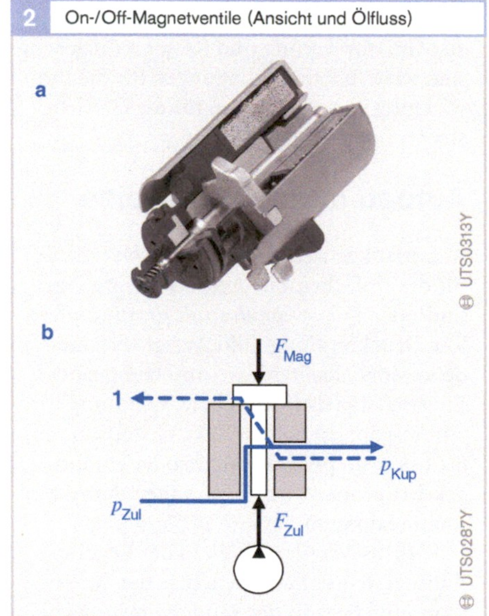

2 On-/Off-Magnetventile (Ansicht und Ölfluss)

Bild 2
a Ansicht als Schalt-
  ventil mit Kugelsitz
b Ölfluss im Ventil
1 Rücklauf zum Tank
F_{Mag} Magnetkraft
F_{Zul} Zulaufdruckkraft
p_{Zul} Zulaufdruck
p_{Kup} Kupplungsdruck

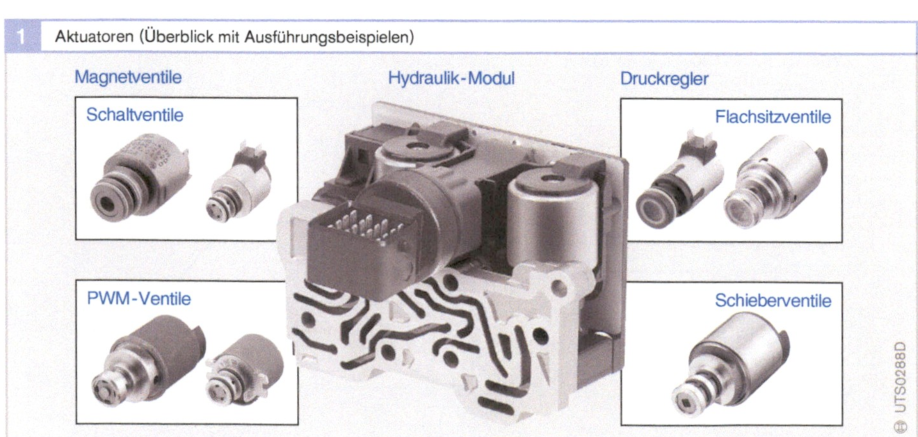

1 Aktuatoren (Überblick mit Ausführungsbeispielen)

On-/Off-Magnetventile kommen hauptsächlich in den einfachen 3- oder 4-Gang-Getrieben ohne Überschneidungssteuerung zum Einsatz. Bei fortschrittlichen bzw. aufwändigen Getriebesteuerungen kommen sie jedoch immer weniger zum Einsatz (eventuell noch für Sicherheitsfunktionen). Ein Druckregler steuert die Gangwechsel.

Bei dem in Bild 3 gezeigten 3/2-Schaltventil (n.o.) steht der von der Getriebepumpe erzeugte Zulaufdruck p_{Zul} vor dem Flansch an (P) und schließt den Kugelsitz. Diese Eigenschaft wird als „selbstabdichtend" bezeichnet. Da stromlos im Arbeitsdruckkanal (A) kein Druck anliegt, handelt es sich um ein „stromlos geschlossenes" Ventil.

In diesem Zustand ist der Arbeitsdruck, der letztlich den Verbraucher (z. B. eine Kupplung) versorgt, direkt mit dem Rücklauf zum Tank (Ölwanne) verbunden, sodass sich ein dort anstehender Druck abbauen oder ein enthaltenes Ölvolumen entleeren kann.

Beim Anlegen von Strom an die Wicklung des Schaltventils reduziert die entstehende Magnetkraft den Arbeitsluftspalt, und der Anker bewegt sich samt dem mit ihm fest verbundenen Stößel in Richtung Kugel und öffnet diese. Das Öl fließt zum Verbraucher (von P nach A) und baut dort den Pumpendruck auf. Gleichzeitig schließt der Rücklauf zum Tank.

Bild 4 stellt die Kennlinie des 3/2-Schaltventils mit den Schaltzyklen des Drucks dar.

Ein Schaltventil diesen Typs bietet folgende Eigenschaften:
- geringe Kosten,
- unempfindlich gegenüber Schmutz,
- geringe Leckage und
- einfache Ansteuerelektronik.

Einsatzgebiete von On-/Off-Schaltventilen sind:

- **Gangwechsel**
  bei Mehrfachverwendung derselben Hauptdruckregler.

- **Sicherheitsfunktionen**
  z. B. hydraulisches Sperren des Rückwärtsgangs bei Vorwärtsfahrt.

- **Wandlerüberbrückungskupplung**
  Zu- und Abschalten (aus Wirtschaftlichkeits- und Komfortgründen oft mit PWM-Ventil oder Druckregler geregelt).

- **Umschalten Registerpumpe**
  für zwei verschiedene Durchflussbereiche über o/o gewählt (hauptsächlich bei CVT-Getrieben).

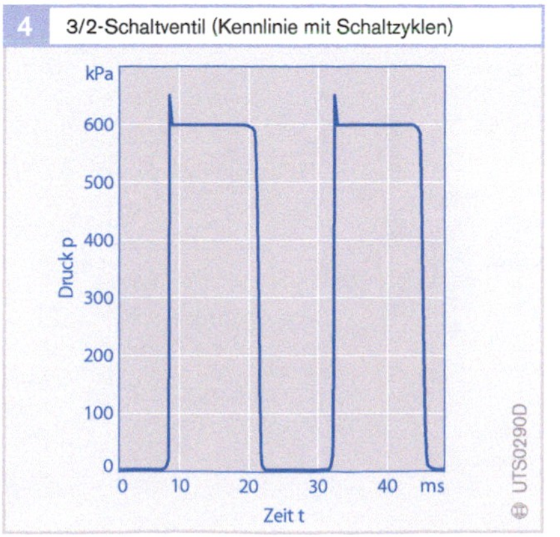

3 3/2-Schaltventil (Schnittbild)

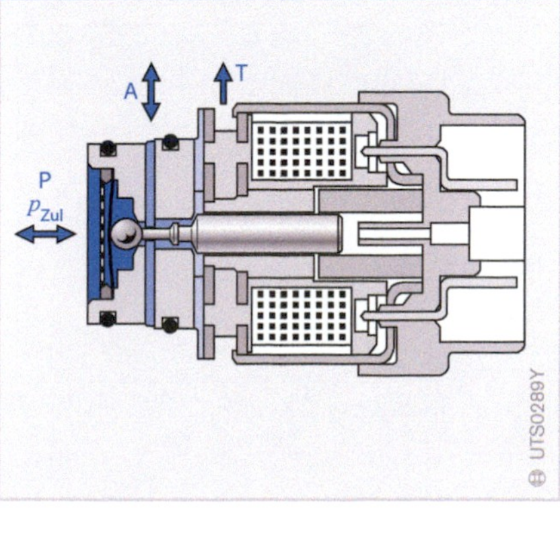

4 3/2-Schaltventil (Kennlinie mit Schaltzyklen)

Bild 3
A Arbeitsdruckkanal
P Zulauf
T Rücklauf zum Tank
p_{Zul} Zulaufdruck

Kenndaten (typisches Beispiel):

Zulaufdruck	400...600 kPa
Durchfluss	> 2,5 $l \cdot min^{-1}$
Betriebsspannung	9...16 V
Widerstand	12,5 Ω
Zahl der Schaltspiele	$2 \cdot 10^6$

PWM-Ventile

Prinzipiell sind PWM-Ventile (Bild 5) genau so aufgebaut wie Schaltventile. Da sie mit einer Frequenz von 30…100 Hz arbeiten, müssen sie für eine höhere Schaltgeschwindigkeit (Dynamik) und höhere mechanische Beanspruchung (Verschleiß) ausgelegt sein. Letzteres gilt besonders dann, wenn ein PWM zur Hauptdruck-Steuerung eingesetzt und während der gesamten Fahrzeuglaufzeit betrieben wird.

Diese Anforderungen wirken sich auch auf die Konstruktion aus. Die Darstellung im Schnitt (Bild 6) zeigt die Ausbildung einer Krempe am Anker, die für eine hohe Magnetkraft und eine hohe hydraulische Dämpfung im Schließfall sorgt. Der relativ lange Stößel nimmt Impulskräfte auf. Ein ringförmiger Sitz dichtet den Zulaufdruck im dargestellten stromlosen Zustand zum Arbeitsdruckkanal hin ab.

Diese Ausführung hat im Vergleich zum Kugelsitz den Vorteil, dass der Zulaufdruck nur auf minimale Flächen wirkt. Diese Flächen sind außerdem noch zum größten Teil Druck-ausgeglichen. Das heißt, der anstehende Zulaufdruck wirkt öffnend und schließend, sodass im Wesentlichen die Druckfeder für ein sicheres Schließen sorgt. Dabei sind nur geringe Öffnungskräfte aufzubringen, was zu einer hohen Dynamik (Schaltgeschwindigkeit) führt und die Spulengröße und -induktivität gering hält.

Zusatzforderungen hinsichtlich der Genauigkeit der Kennlinien stellen höhere Anforderungen an die Präzision bei der Fertigung der Ventilbauteile und bei deren Montage als bei einem reinen Ein-/Aus-Schaltventil.

Insgesamt weisen PWM-Ventile folgende Eigenschaften auf:

---

5 PWM-Ventil (Ansicht und Ölfluss)

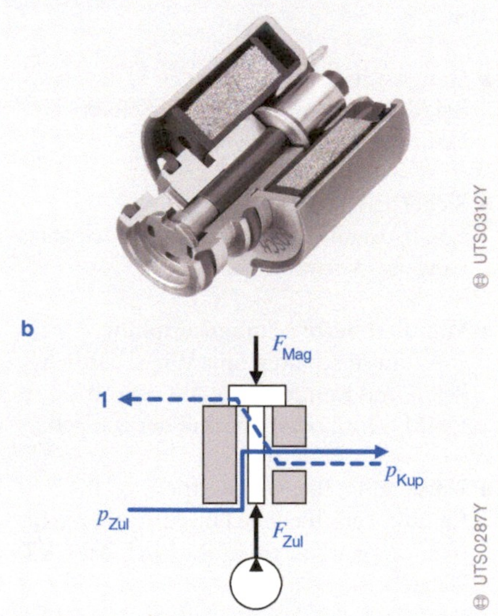

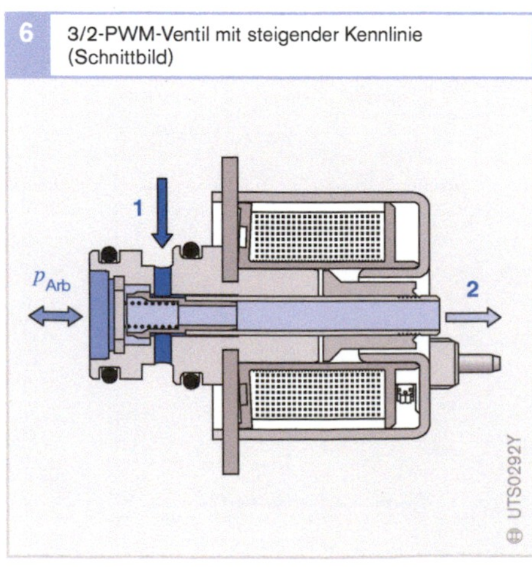

Bild 5

a Ansicht PWM-Ventil
   im Schnitt
b Ölfluss im Ventil
1 Rücklauf zum Tank

F_{Mag} Magnetkraft
F_{Zul} Zulaufdruckkraft
p_{Zul} Zulaufdruck
p_{Kup} Kupplungsdruck

---

6 3/2-PWM-Ventil mit steigender Kennlinie (Schnittbild)

Bild 6

1 Zulauf von Pumpe
2 Rücklauf zum Tank
p_{Arb} Arbeitsdruck

---

7 3/2-PWM-Ventil (mit steigender Kennlinie)

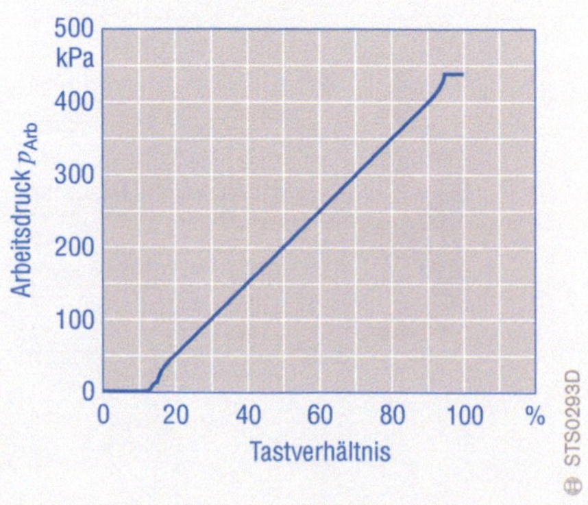

- geringe Kosten,
- unempfindlich gegenüber Schmutz,
- frei von Hysterese,
- geringe Leckage und
- einfache Ansteuerelektronik.

Von Nachteil sind dagegen
- Pulsation des Drucks und
- Abhängigkeit der Kennlinie vom Zulauf-
  druck.

Einsatzgebiete der nachfolgend beschriebenen PWM-Ventile mit steigender Kennlinie
bzw. hohem Durchfluss sind:
- Steuerung der Wandlerüberbrückungskupplung,
- Kupplungssteuerung und
- Hauptdrucksteuerung.

3/2-PWM-Ventil mit steigender Kennlinie

Die Druck-ausgeglichene rohrförmige
Konstruktion des Schließelements dieses
PWM-Ventils (Bild 6) resultiert in geringen
Massenkräften. Auch dieser Umstand kommt
der Forderung nach schnellen Schaltzeiten,
geringer Geräuschemission und Dauerhalt-
barkeit entgegen. Die ausgeprägte Linearität
der Kennlinie (Bild 7) in einem weiten Kenn-
linien- und Temperaturbereich ist ein wichti-
ger Vorteil für die Anwendung im Fahrzeug.
   Die Kennlinien-Endbereiche lassen leichte
Unstetigkeiten erkennen. Diese verursacht

der Übergang vom Betriebszustand „Schalten" in den Betriebszustand „Halten" (im
geschlossenen bzw. geöffneten Zustand). In
diesen eng begrenzten Bereichen ist diese
Ungenauigkeit tolerierbar.

3/2-PWM-Ventil mit hohem Durchfluss

Das PWM-Ventil mit hohem Durchfluss hat
prinzipiell den ähnlichen Aufbau wie das
zuvor beschriebene Standard-PWM-Ventil,
stellt jedoch größere Öffnungsquerschnitte
bei größerem Durchmesser und längerem
Öffnungshub des Schließelements bereit
(Vergleich in Tabelle 1). Dieser Aufbau
erfordert eine größere Kupferwicklung mit
einer höheren Magnetkraft (Bilder 8 und 9).

1 Technische Daten der PWM-Ventile im Vergleich			
PWM-Ventilbauart		**Kennlinie steigend**	**Mit hohem Durchfluss**
Zulaufdruck	kPa	300…800	400…1200
Durchfluss (bei 550 kPa)	$l \cdot min^{-1}$	> 1,5	> 3,9
Taktfrequenz	Hz	40…50	40…50
Spulenwiderstand	Ω	10	10
Abmessungen: Durchmesser	mm	25	30
freie Länge	mm	30	42

Tabelle 1

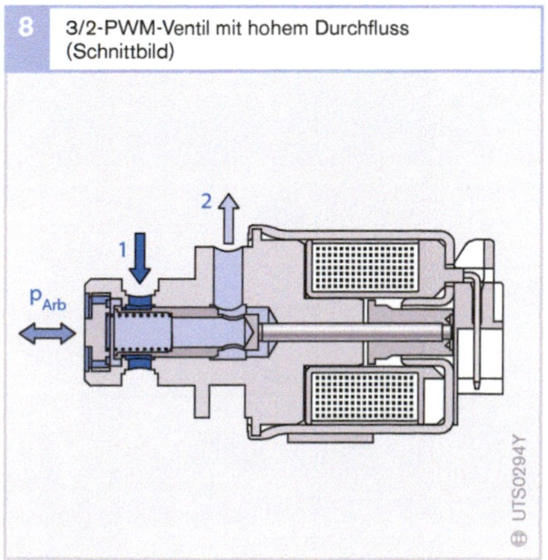

8 3/2-PWM-Ventil mit hohem Durchfluss (Schnittbild)

UTS0294Y

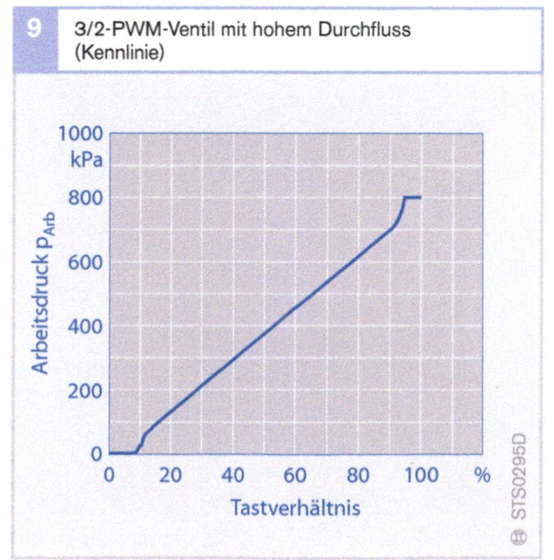

9 3/2-PWM-Ventil mit hohem Durchfluss (Kennlinie)

STS0295D

Bild 8
1 Zulauf von Pumpe
2 Rücklauf zum Tank
p_{Arb} Arbeitsdruck

Druckregler

Bei den Analogventilen zur Druckregelung
kommen zwei Prinzipien zur Anwendung
(Bild 10):

- Der Druckregler in *Schieberausführung*
  öffnet eine Steuerkante am Zulauf und
  schließt gleichzeitig eine Steuerkante zum
  Tankrücklauf (Zweikantenregler). Die
  Position des Reglerkolbens ergibt sich aus
  dem Kräftegleichgewicht, abhängig von
  der eingeprägten Magnetkraft, dem geregelten Druck und der Federkraft.
- Der Druckregler in *Flachsitzausführung*
  arbeitet als einstellbares Überdruckventil
  (Einkantenregler).

Bei beiden Prinzipien greift der geregelte
Druck direkt in das Kräftegleichgewicht ein,
weshalb vollständige Regelkreise vorliegen.
Die folgende Beschreibung erläutert die
Prinzipien „Flachsitz" und „Schieber" nun
anhand von Ausführungsbeispielen.

Schieber-Druckregler DR-S

Der Schieber-Druckregler (Bilder 11 bis 13)
arbeitet als Zweikantenregler. Der geregelte
Druck wird zwischen Einlass- und Auslass-
Steuerkante abgegriffen. Er ergibt sich in
Abhängigkeit von deren Öffnungsverhältnis.
Der Maximaldruck stellt sich bei geöffnetem
Einlass und geschlossenem Auslass ein, der
Null-Druck bei umgekehrten Verhältnissen.
Dazwischen verändert dieser Druckregler
seine Kolbenstellung im Kräftegleichgewicht
zwischen Druckkraft, Federkraft und Mag-
netkraft proportional zum Strom, der durch
die Spule fließt, und stellt dem entsprechend
den Regeldruck ein.

Die Rückführung des geregelten Drucks
auf die Stirnfläche des Reglerkolbens über
einen Ölkanal in der Steuerplatte des Getriebes schließt den Regelkreis (äußere Rückführung). Der Regeldruck kann auch über
einen gestuften Kolben oder andere Maßnahmen als resultierende Kraft in das Kräftegleichgewicht und somit in den Regelkreis
einbezogen werden (interne Rückführung).

10   Druckregler (Prinzipdarstellung)

11   Schieber-Druckregler D30 (Ansicht und Ölfluss)

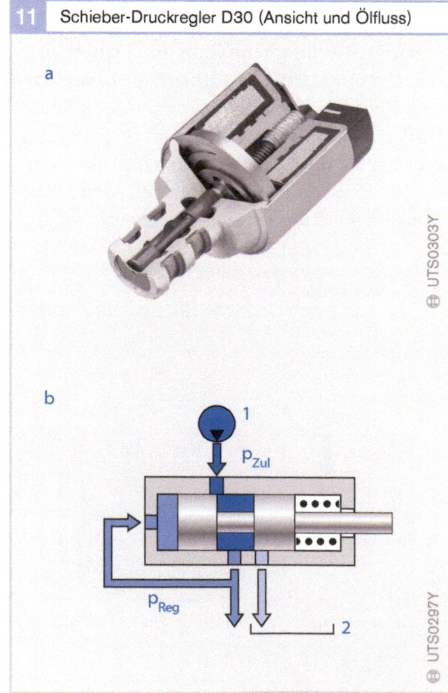

Vorteile des Schieber-Druckreglers sind:
- hohe Genauigkeit,
- unempfindlich gegenüber Störgrößen,
- geringer Temperaturgang,
- unempfindlich gegen Systemleckage,
- geringe Leckage und
- Null-Druck erreichbar.

Nachteile des Schieber-Druckreglers sind:
- Aufwändige Fertigung der Präzisionsteile und
- Präzisionselektronik erforderlich.

Dieser Druckregler ermöglicht durch die Kombination einer reibungsfreien Lagerung (Membranfeder) mit einem mit Teflon beschichteten Gleitlager geringste Hysterese und optimale Genauigkeit. Die Ausstattung mit einem Schieber macht ihn weitgehend unempfindlich gegenüber den Einflüssen von Systemleckage, Schwankungen des Zulaufdrucks oder Temperaturänderungen.

Der in den Bildern 11 und 12 gezeigte Druckregler in Schieberausführung mit den typischen technischen Daten gemäß Tabelle 2 weist nicht die Nachteile des nachfolgend beschriebenen „Flachsitz-Druckreglers" auf, ist aber aufgrund seiner hochwertigeren Einzelteile (aufwändiger Flansch, präzise bearbeiteter Reglerkolben) teurer als der Flachsitz-Druckregler.

Wie beim Flachsitz-Druckregler gibt es Ausführungen mit steigender und fallender Kennlinie (Bild 13).

Flachsitz-Druckregler DR-F

Wie beim „Schieber-Druckregler" handelt es sich auch beim Flachsitz-Druckregler um ein „Proportionalventil". Die Magnetkraft ist proportional zum Strom, der durch die Spule fließt. Der hydraulische Druck wirkt über die Fühlfläche auf das Kräftegleichgewicht ein. Um einen definierten Ausgangszustand zu erreichen, kann der Druckregler zusätzlich über eine Druckfeder verfügen. Der Regeldruck ergibt sich durch Druckabbau infolge des Abströmens von Öl über einen veränderlichen Querschnitt zurück zum Tank.

2	Technische Daten des Schieber-Druckreglers DR-S (typisch)		
Zulaufdruck	kPa		700…1600
geregelter Druck	kPa		typisch 600…0
Strombereich	mA		typisch 0…1000
Ansteuerfrequenz	Hz		≤ 600
Abmessungen			
Durchmesser	mm		32
freie Länge	mm		42

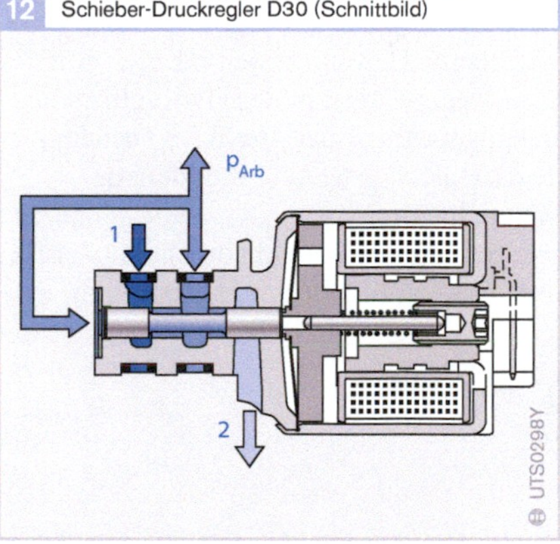

12 Schieber-Druckregler D30 (Schnittbild)

Bild 12
1 Zulauf von Pumpe
2 Rücklauf von Tank
p_{Arb} Arbeitsdruck

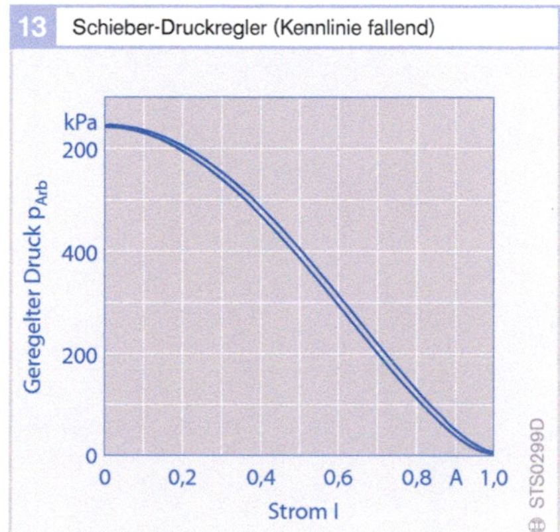

13 Schieber-Druckregler (Kennlinie fallend)

Beim Flachsitz-Druckregler handelt es sich also im Wesentlichen um ein einstellbares Druckbegrenzungsventil mit hydraulischer Regelfunktion.

Die wesentlichen Eigenschaften des Flachsitz-Druckreglers sind:
- hohe Genauigkeit,
- kostengünstig,

- unempfindlich gegenüber Störgrößen,
- unempfindlich gegenüber Schmutz,
- hohe Leckage,
- Restdruck vorhanden (abhängig von Temperatur) und
- aufwändige Elektronik.

Flachsitz-Druckregler, fallende Kennlinie
Die Bilder 14 bis 16 zeigen das Beispiel eines Flachsitz-Druckreglers D30 mit fallender Kennlinie.

Der Druckregler arbeitet zusammen mit einer Blende (Durchmesser 0,8…1,0 mm), die entweder extern in der Hydrauliksteuerung angeordnet oder direkt im Druckregler integriert ist. Die letztere Blendenausführung hat den Vorteil, dass eine genauere Abstimmung der Druckreglercharakteristik (der variablen Blende am Flachsitz) mit der vorgeschalteten Festblende erfolgen kann. Geeignete Maßnahmen können sogar eine gewisse Kompensation des Temperaturgangs ermöglichen.

Dieser beispielhaft beschriebene Druckregler ist besonders hinsichtlich geringer Hysterese und engem Toleranzband der Druck-Strom-Kennlinie optimiert. Diese Eigenschaften ergeben sich durch die Verwendung hochwertiger Magnetkreis-Materialien und moderner Fertigungsverfahren.

Da das Verhältnis der hydraulischen Widerstände beider Blenden nicht beliebig klein werden kann, weist die Druck-Strom-Kennlinie eines typischen Flachsitz-Druckreglers einen „Restdruck" auf, der mit sinkender Temperatur zunimmt. Die Hydrauliksteuerung des Getriebes muss diesem

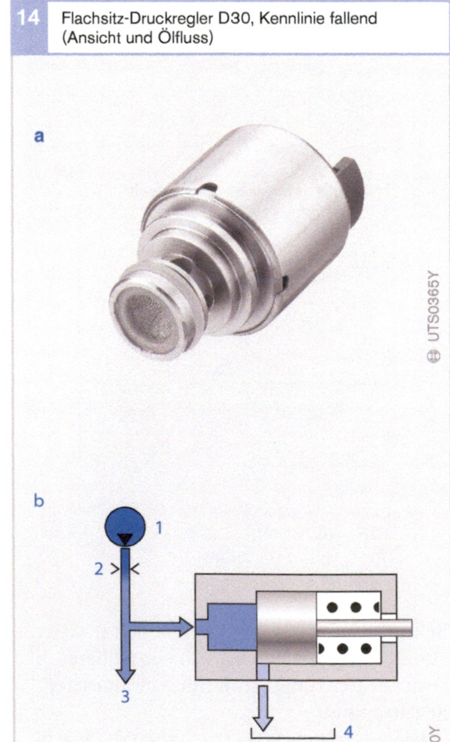

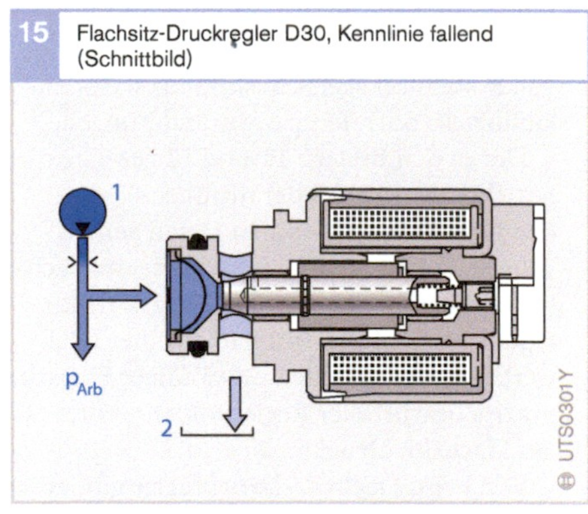

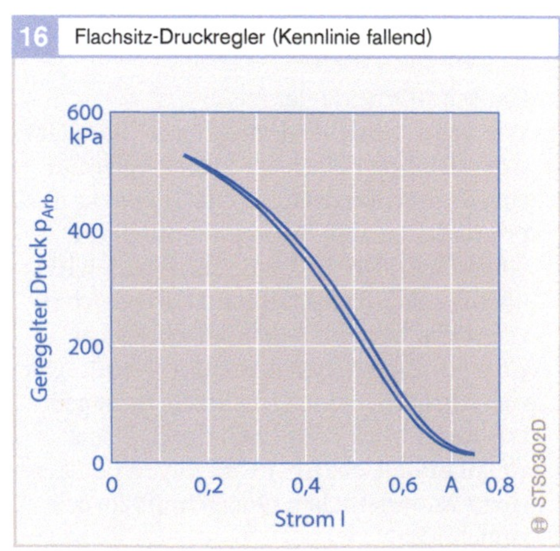

Bild 14
a   Ansicht Flachsitz-Druckregler im Schnitt
b   Ölfluss im Ventil
1   Zulauf von Pumpe
2   Blende
3   Kupplung
4   Rücklauf zum Tank

Bild 15
1   Zulauf von Pumpe
2   Rücklauf zum Tank
p_{Arb} Arbeitsdruck

Umstand Rechnung tragen: Der für die Regelung nutzbare Bereich beginnt demnach nicht bei 0 kPa, sondern bei einem entsprechend höheren Druck.

Ein weiterer Nachteil des Flachsitz-Druckreglers tritt besonders dann zutage, wenn in einem Getriebe mehrere solcher Druckregler zur Anwendung kommen: systembedingt tritt ein permanenter Ölstrom durch den geöffneten Druckregler zurück zum Ölsumpf auf, der zu Energieverlusten führt und unter Umständen den Einsatz einer Getriebeölpumpe mit höherem Volumenstrom erzwingt. Diese Nachteile lassen sich durch zusätzlichen Aufwand am Aktuator oder in der Hydrauliksteuerung vermeiden. Allerdings gehen dadurch die Hauptvorteile des Flachsitz-Druckreglers (einfacher Aufbau und niedrige Kosten) teilweise wieder verloren. Welche Möglichkeiten dabei die „Closed End"-Funktion bietet, wird nachfolgend behandelt.

Flachsitz-Druckregler, steigende Kennlinie (Miniaturausführung)
Der Flachsitz-Druckregler D20 (Bilder 17 bis 19) hat durch die Anwendung einer hochpräzisen Kunststofftechnik noch einmal eine deutliche Bauraum- und Kostenreduzierung erfahren.

Bei einem Durchmesser von wenig mehr als 20 mm erreicht er eine hohe Genauigkeit der Kennlinie bei geringstem Platzbedarf.

17 Flachsitz-Druckregler D20, Kennlinie steigend (Ansicht im Schnitt)

18 Flachsitz-Druckregler D20, Kennlinie steigend (Schnittbild)

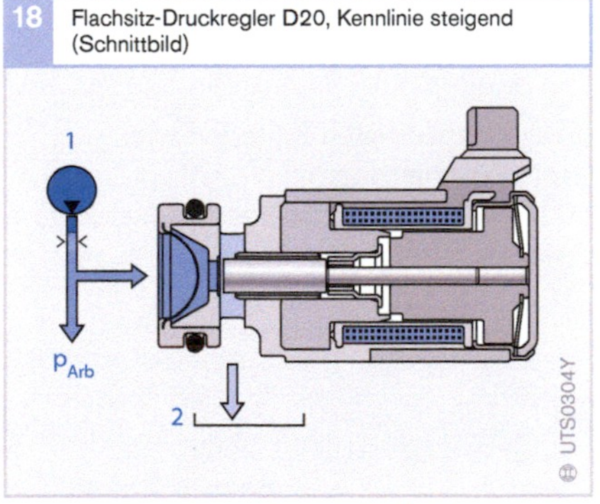

Bild 18
1 Zulauf von Pumpe
2 Rücklauf zum Tank
p_{Arb} Arbeitsdruck

3 Technische Daten der Flachsitz-Druckregler im Vergleich

Druckregler-Bauart		D30 Kennlinie fallend	D20 Kennlinie steigend
Zulaufdruck	kPa	500...800	500...800
Geregelter Druck typisch	kPa	40...540	40...540
Strombereich typisch	mA	150...770	150...770
Ansteuerfrequenz	Hz	600...1000	
Chopper-Frequenz	Hz		600...1000
Abmessungen Durchmesser freie Länge	mm mm	30 33	23 42

19 Flachsitz-Druckregler D20 (Kennlinie steigend)

Tabelle 3

Festlegung des Druckreglertyps

Die Entscheidung, ob ein Flachsitz-Druckregler, ein Schieber-Druckregler oder gar ein PWM-Ventil im Getriebe zur Anwendung kommt, hängt von vielen Aspekten ab. Einige technische Kriterien kamen bei der Beschreibung der einzelnen Typen bereits zur Sprache.

Diese Kriterien sind noch einmal in Tabelle 4 gegenübergestellt. Die darin genannten Zahlenwerte für Genauigkeiten gelten nicht absolut, sondern nur relativ zueinander. Sie geben grobe Anhaltswerte, wobei sich die Verhältnisse abhängig vom jeweiligen Fahrzeugtyp durchaus auch unterscheiden können, beispielsweise in Abhängigkeit von konstruktiven Details wie
- Einstellbarkeit des Kräftegleichgewichts,
- Einstellbarkeit der Magnetkraft,
- Verwendung von Spezialwerkstoffen im Magnetkreis,
- Abstand zwischen Zulaufdruck und maximalem Regeldruck

und systembedingten Kriterien wie
- Art der Steuerung,
- Dämpfungseigenschaften des Nachfolgesystems,
- Einbaulage (horizontal, vertikal),
- Einbauort (über oder unter Öl oder wechselnd),
- Abgleichbarkeit des Regelkreises („End of Line"-Programmierung) und
- Schmutzkonzentration und Schmutzzusammensetzung.

Nicht zu unterschätzen sind jedoch auch Auswahl-Kriterien wie
- Erfahrung des Anwenders mit einem bestimmten Typ (Vertrauensniveau, Risiko).
- Traditionen im Hause des Anwenders, die auch zu einem einseitigen Erfahrungsschatz führen können.
- Vorhandene Steuerungskonzepte, für die der Überarbeitungsaufwand beim Wechsel des Reglertyps als zu groß eingeschätzt wird.
- Eine Kostenbetrachtung erfolgt teilweise unter Gesichtspunkten „Reduzierung der Kosten für Fremdbezug". Eine Betrachtung der Gesamtkosten unter Einbeziehung z. B. des Aufwands in der Eigenfertigung der Steuerplattenbearbeitung ist für den Anwender schwierig (bestehende Einrichtungen …).

4	Kriterien für die Aktuatorauswahl		
Kriterium	**Schieber-Druckregler DR-S**	**Flachsitz-Druckregler DR-F**	**3/2-PWM-Ventil**
Aufwand im Hydrauliksystem	unempfindlich gegenüber Schwankungen des Zulaufdrucks	konstanter Zulaufdruck Zulaufblende	konstanter Zulaufdruck Dämpfung

Genauigkeit:
  Vergleichswert
  (Exemplarstreuung)
	$\approx 7\,\%$ (Rückführung)
	$\pm 5 \ldots \pm 25$ kPa
	(abhängig von Kennlinienbereich)
		$\approx 11\,\%$
		$\pm 5 \ldots \pm 30$ kPa
		(abhängig von Kennlinienbereich)
			$\approx 13\,\%$ (Steuerung)
			± 20 kPa
			(konstant)

Einfluss des Zulaufdrucks bei $p_{zu} = 800 \pm 50$ kPa	$p_C = 400 \pm 0{,}2$ kPa	$\Delta p_C \approx 0{,}2 \cdot \Delta p_{zu}$	$\Delta p_C \sim \Delta p_{zu}$
Leckage	typ. $0{,}3\ l \cdot \mathrm{min}^{-1}$	$0{,}3 \ldots 1{,}0\ (\ldots 0)\ l \cdot \mathrm{min}^{-1}$	$0 \ldots 0{,}5 \ldots 0\ l \cdot \mathrm{min}^{-1}$ (ohne Elastizität)
Geräusch	–	–	gegebenenfalls Dämpfung erforderlich
Kosten	Hoch	Mittel	Gering

Simulationen in der Entwicklung

Anforderungen

Für neue Getriebegenerationen werden die Entwicklungszeiten („Time to Market") immer kürzer. Schon recht früh nach Projektstart müssen erprobungsfähige Aktuatoren mit für die Getriebe spezifischen Funktionsdaten zur Verfügung stehen. Um den hohen Anforderungen an die Qualität und die Zuverlässigkeit Rechnung tragen zu können, bedarf es umfangreicher Tests und Erprobungen mit Prototypen. Der früher übliche iterative Weg über Rekursionen und Modifikationen ist künftig unter den Gesichtspunkten „Zeit" und „Kosten" nicht mehr gangbar.

Künftig erfolgen Funktionsprognosen und Analysen von Auffälligkeiten im Produktentstehungsprozess anhand „virtueller Prototypen" zunehmend früher und unterstützen zumindest die experimentelle Entwicklung.

Die rechnergestützte Auslegung von Magnet- und Hydraulikkreisen bilden somit die Basis für eine Simulation der statischen und dynamischen Eigenschaften der Aktuatoren im Getriebesystem. Mithilfe dieser Simulation lassen sich Funktionen optimieren und Eigenschaften unter Grenzbedingungen untersuchen.

Funktionssimulation

Mithilfe der 1D-Simulation lassen sich z. B. die Eigenschaften von Druckregelventilen in ihrer Systemumgebung simulieren. Dazu gehören Druck-Strom-Kennlinien, Temperaturgang, Dynamik usw. unter verschiedenen Randbedingungen oder geometrischen Größen.

Die Funktionssimulation des Aktuators im (Sub-)System erfolgt für zum Beispiel die Größen:

- Kennlinie,
- Dynamik,
- Temperatureinfluss,
- Einfluss von Zulaufdruckschwankungen und
- „Worst-case"-Studien, Fertigungstoleranzen.

Strömungssimulation

Das bei Bosch verwendete Tool „Fire" zur Berechnung hydraulischer Verluste und Strömungskräfte erlaubt es zum Beispiel, Geometrien des Hydraulikteils eines Druckregelventils so zu optimieren, dass Strömungseinflüsse auf die Druck-Strom-Charakteristik unter allen auftretenden Betriebsbedingungen minimiert und Strömungsquerschnitte optimiert werden.

Als Beispiel stellt Bild 1 den simulierten Strömungsverlauf sowie die Druckverteilung bei einem Druckregler in Flachsitz-Ausführung dar.

1 Simulation „Strömungsverlauf" und „Druckverteilung" in einem Druckregler DR-F

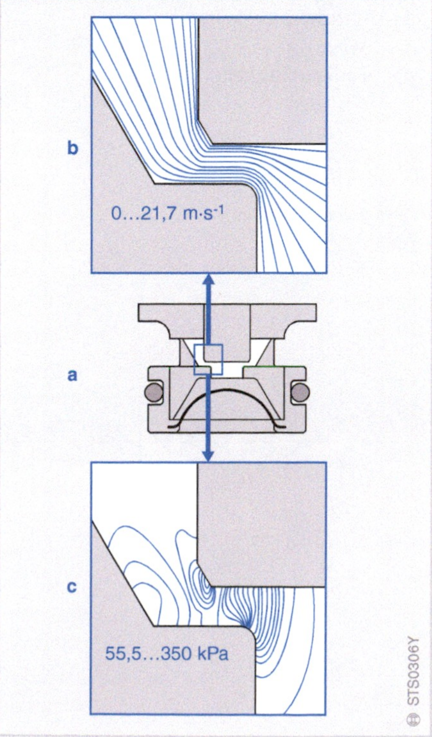

Bild 1
a Druckregler (Hydraulikteil)
b Strömungsverlauf
c Druckverteilung

Magnetkreisberechnung

Ein „Finite Elemente"-Programm (wie „MAXWELL 2D" oder „Edison") dient der Auslegung des Magnetkreises und damit der Auslegung der Druck-Strom-Charakteristik eines Druckregelventils. Es lässt sich aber auch für die optimale Ausnutzung des vorhandenen Bauraums (Baugrößenreduzierung) und des Werkstoffs eines Magnetkreises (Magnetkrafterhöhung, Bild 2) oder die Anpassung des Kraft-Weg-Verlaufs an den Bedarf anwenden.

Die Simulation der Magnetkraft erfolgt zum Beispiel für:
- Dimensionierung,
- Layout für Magnetkraft-Kennlinie,
- Wirbelstromverluste und
- Fertigungstoleranzen.

Folgende Verbesserungen wurden als Ergebnis der Simulation umgesetzt (Beispiel in Bild 2):
- Lage und Form des Arbeitsluftspalts,
- optimierte Querschnitte für einen stärkeren Magnetfluss und
- Neuauslegung des Arbeitsluftspalts und der parasitären Luftspalte (Geometrie, Lage).

Grundlagen der 1D-Simulation

Bewegungsgleichung mit Kraftbilanz

Die Bewegungsgleichung mit der Kraftbilanz lautet:

$$F_{ges} = \sum (F_M + F_p + F_S + F_R + F_D + F_F) = 0$$

Mit den Größen
F_M Magnetkraft,
F_p Druckkraft,
F_S Strömungskraft,
F_R Reibkraft,
F_D Dämpfungskraft und
F_F Federkraft

oder gemäß Bild 3:

$$F_{ges} = m\ddot{x} + d\dot{x} + cx$$

Mit den Größen
m bewegte Masse,
d Dämpfung,
$\ddot{x}$ Beschleunigung,
$\dot{x}$ Geschwindigkeit,
x Weg,
c Federsteifigkeit.

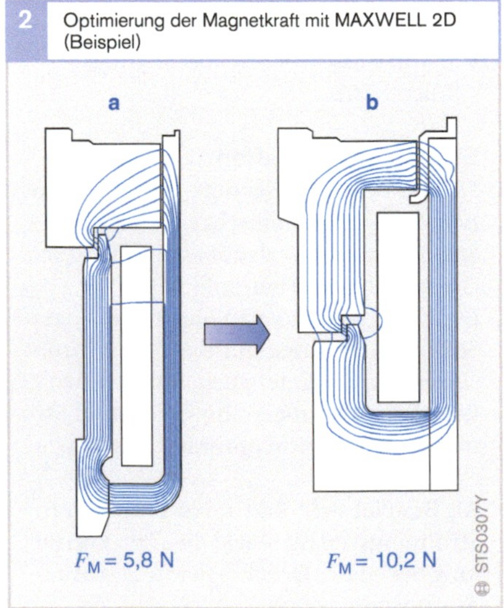

2 Optimierung der Magnetkraft mit MAXWELL 2D (Beispiel)

Bild 2
a Grundmodell
b Optimierung
F_M Magnetkraft

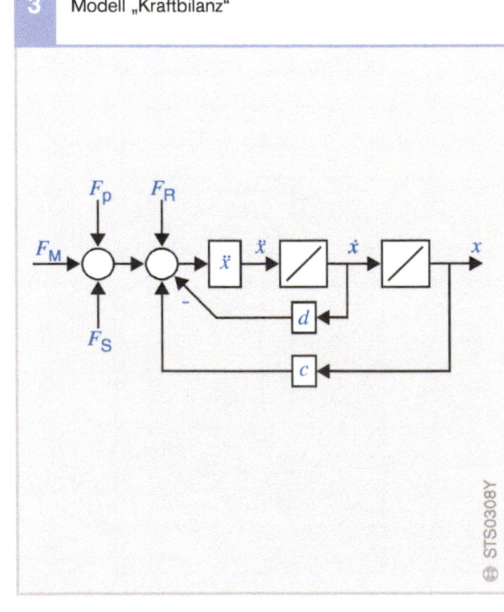

3 Modell „Kraftbilanz"

Druckberechnung in einer Kammer

Für die Druckberechnung in einer Kammer gilt:

$$\frac{\mathrm{d}p}{\mathrm{d}t} = \frac{\beta_{\text{Öl}}}{V_{\text{Öl}}} \cdot Q$$

Dabei sind:
$\beta_{\text{Öl}}$ Kompressionsmodul der Druckflüssigkeit,
$V_{\text{Öl}}$ Kammervolumen,
Q Summenvolumenstrom.

Der in die Kammer fließende Summenvolumenstrom, der für den Druckaufbau verantwortlich ist, ergibt sich aus (Bild 4):

$$Q = (Q_E - Q_A)$$

Dabei sind:
Q Summenvolumenstrom,
Q_A Ausgangsvolumenstrom,
Q_E Eingangsvolumenstrom.

Durchflussberechnung an einer Blende

Der Volumenstrom an einer Blende ergibt sich aus (Bild 5):

$$Q = \alpha_d \cdot A_o \cdot \sqrt{\frac{2 \cdot \Delta p}{\varrho}} \; ;$$

wobei

$$\Delta p = p_1 - p_3$$

Dabei sind:
α_d Durchflusskoeffizient,
A_o Querschnittsfläche einer Blende,
ϱ Dichte des Mediums,
Δp Druckdifferenz,
p_1 Druck an der Stelle 1,
p_3 Druck an der Stelle 3.

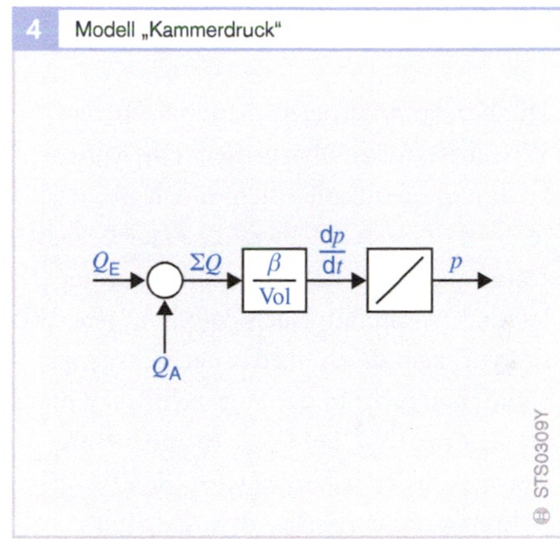
4 Modell „Kammerdruck"

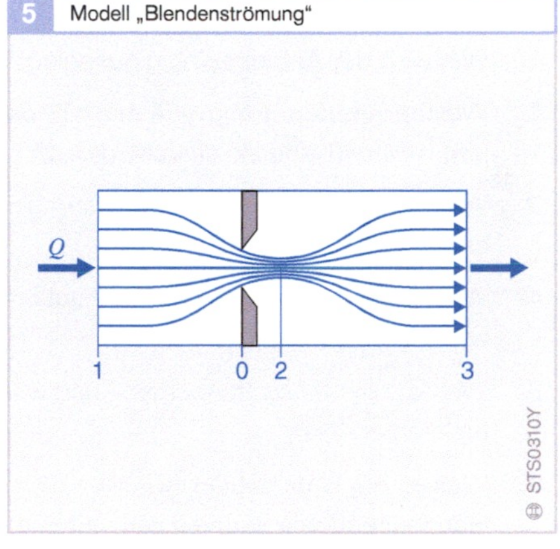
5 Modell „Blendenströmung"

Verständnisfragen

Die Verständnisfragen dienen dazu, den Wissensstand zu überprüfen. Die Antworten zu den Fragen finden sich in den Abschnitten, auf die sich die jeweilige Frage bezieht. Daher wird hier auf eine explizite „Musterlösung" verzichtet. Nach dem Durcharbeiten des vorliegenden Teils des Fachlehrgangs sollte man dazu in der Lage sein, alle Fragen zu beantworten. Sollte die Beantwortung der Fragen schwer fallen, so wird die Wiederholung der entsprechenden Abschnitte empfohlen.

1. Wie wird der Antriebsstrang ausgelegt?

2. Welche Antriebsstrangvarianten gibt es und wodurch sind sie charakterisiert?

3. Welche Elemente im Antriebsstrang gibt es?

4. Wie ist ein Anfahrelement aufgebaut und wie funktioniert es?

5. Was ist ein Mehrstufengetriebe und wie funktioniert es?

6. Was ist der Unterschied zwischen einem Handschaltgetriebe und einem automatischen Getriebe?

7. Wie funktioniert ein stufenloses Getriebe?

8. Wie ist ein Achsantrieb aufgebaut und wie funktioniert er?

9. Wie funktioniert ein Allradantrieb?

10. Welche Anforderungen muss ein Getriebe erfüllen?

11. Welche Getriebearten im Kfz gibt es? Wie sind sie aufgebaut und wie funktionieren sie? Was sind die Gemeinsamkeiten, was die Unterschiede?

12. Wie ist ein Triebstrangmanagement aufgebaut?

13. Wie werden automatisierte Schaltgetriebe gesteuert?

14. Wie werden Automatikgetriebe gesteuert? Wie wird der Schaltpunkt ausgewählt? Wie erfolgt der Motoreingriff? Wie erfolgen die Eingriffe in den Schaltablauf? Wie wird der Ablauf gesteuert?

15. Wie funktioniert eine Wandlerüberbrückungskupplung? Wozu ist sie notwendig?

16. Wie werden stufenlose Getriebe gesteuert?

17. Wie sind Positions- und Drehzahlsensoren für Getriebesteuerungen aufgebaut und wie funktionieren sie?

18. Wie sind Temperatursensoren und mikromechanische Drucksensoren aufgebaut und wie funktionieren sie?

19. Wie erfolgt die Sensorsignalverarbeitung?

20. Wie ist das Steuergerät für die Getriebesteuerung aufgebaut? Wie erfolgt die Datenverarbeitung? Wie wird die Verlustleistung abgeführt?

21. Wie wird die Software entwickelt? Was ist ein Reifegradmodell? Wie funktioniert das Betriebssystem?

22. Wie wird der Gang ausgewählt? Wie werden die Ein- und Ausgangsgrößen erfasst?

23. Welche Überwachungs- und Diagnosefunktionen gibt es?

24. Wie sind die elektrohydraulischen Aktoren aufgebaut und wie arbeiten sie?

25. Wie sind ein Magnetventil und ein Druckregler aufgebaut und wie funktionieren sie? Wie werden sie simuliert?

26. Wie ist ein Modul zur Getriebesteuerung aufgebaut?

Abkürzungsverzeichnis

A

ABS: Antiblockiersystem
AC: Alternating Current (Wechselstrom)
ACEA: Association des Constructeurs Européens d'Automobiles
AGM: Absorbent Glass Mat (AGM-Batterie)
AGS: Adaptive Getriebesteuerung
AMT: Automated Manual Transmission
ASC: Anti-Slipping-Control
ASEAN: Association of Southeast Asian Nations
ASG: Automatisiertes Schaltgetriebe
AS-HEV: Axle-Split-Parallelhybrid
ASIC: Application Specific Integrated Circuit
ASR: Antriebs-Schlupf-Regelung
AST: Automated Shift Transmission
ASTM: American Society for Testing and Materials
AT: Automatic Transmission; Automatikgetriebe (Stufenautomat)
ATF: Automatic Transmission Fluid (Getriebeöl)
AVT: Aufbau- und Verbindungstechnik

B

B10: Blend (Mischung) von Dieselkraftstoff mit 10 % Biodiesel
B100: reiner Biodiesel (100 %)
BDE: Benzin-Direkteinspritzung
BIOS: Basic Input Output System
BMELV: Bundesministerium für Ernährung, Landwirtschaft und Verbraucherschutz
BMS: Batteriemanagementsystem
BPP: Bipolarplatte
BS: Betriebssystem
BtL: Biomass-to-Liquid (synthetischer Kraftstoff aus Biomasse)
BZ: Brennstoffzelle

C

CAFÉ: Corporate Average Fuel Efficiency
CAN: Controller Area Network
CARB: California Air Resource Board
CH2: Compressed Hydrogen (Druckwasserstoff)
CH4: Methan
CMM: Capture Maturity Model
CNG: Compressed Natural Gas (Erdgas)

CO: Kohlenmonoxid
CO$_2$: Kohlendioxid
CtL: Coal-to-Liquid (synthetischer Kraftstoff aus Kohle)
CVT: Continuous Variable Transmission (stufenlos einstellbare Übersetzung)

D

DBC: Direct Bonded Copper
DC: Direct Current (Gleichstrom)
DCT: Dual Clutch Transmission (Doppelkupplungsgetriebe)
DKG: Doppelkupplungsgetriebe
DME: Dimethylether
DOE: US Department of Energy
DR-F: Druckregler Flachsitz
DR-S: Druckregler Schieber
DSP: Dynamisches Schaltprogramm

E

E 5: Blend (Mischung) von Ottokraftstoff mit 5 % Ethanol
ECU: Electronic Control Unit (Steuergerät)
EEM: Elektrisches Energiemanagement
EGS: Elektronische Getriebesteuerung
EHM: Elektrohydraulisches Modul
EKM: Elektronisches Kupplungsmanagement
EM: Elektronikmodul
EMV: Elektromagnetische Verträglichkeit
EOL: End Of Line (Bandende-Programmierung)
ESP: Elektronisches Stabilitätsprogramm
ETBE: Ethyl-tertiär-butyl-ether

F

FAEE: Fatty Acid Ethyl Ester (Fettsäureethylester)
FAME: Fatty Acid Methyl Ester (Fettsäuremethylester)
FC: Fuel Cell (Brennstoffzelle)
FCM: Fuel Cell Management (Brennstoffzellen-Steuerung)
FE: Fuel Efficiency
FFV: Flexible Fuel Vehicle

G

GBF: Getriebebedienfeld
GDL: Gasdiffusionslage
GS: Getriebesteuerung

GtL: Gas-to-Liquid (synthetischer Kraftstoff aus Erdgas)
GWK: Geregelte Wandlerüberbrückungskupplung

H
H_2**:** Wasserstoff
H_2O**:** Wasser
HAM: Hydrogen Air Management
HC: Kohlenwasserstoff
HEV: Hybrid Electric Vehicle (elektrisches Hybridfahrzeug)
HFM: Heißfilmluftmassenmesser
HGI: Hydrogen Gas Injector
HM: Hydraulikmodul
HS: Hauptschütz
HS: Hochschaltung
HSV: Hochschaltverhinderung
HV: High Voltage, Hochvolt
HV-Bordnetz: Hochvolt-Bordnetz
HVMS: High Voltage Monitoring System
HWT: Heizungswärmetauscher

I
IC: Integrated Circuit
IGBT: Insulated Gate Bipolartransistor
IMG: Integrierter Motor-Generator
ISIG: Inductive Signature

J
JAMA: Japan Automotive Manufactures Association

K
KAMA: Korean Automotive Manufactures Association
KSG: Kurbelwellen-Startergenerator

L
LH_2**:** Liquid Hydrogen (Flüssigwasserstoff)
Li-Ionen-Batterie: Lithium-Ionen-Batterie
Li-Polymer-Batterie: Lithium-Polymer-Batterie
LPG: Liquid Petroleum Gas, Flüssiggas/Autogas
LTCC: Low-Temperature Cofired Ceramic
LV: Low Voltage, Niedervolt

M
M15: Blend (Mischung) von Ottokraftstoff und 15 % Methanol
M: Moment
ME: Motoreingriff
ME: Motor-Elektronik

MEG: Motronic-Egas-Getriebe
MISRA: Motor Industry Research Association
MOF: Metal Organic Framework
MPG: Miles per Gallon
MTBE: Methyl-tertiär-butyl-ether
MV: Magnetventil

N
n**:** Drehzahl im Allgemeinen
n_{ab}**:** Abtriebsdrehzahl
n_{mo}**:** Motordrehzahl
n_{Tu}**:** Turbinendrehzahl
n.c.: normally closed (stromlos geschlossen)
NEFZ: Neuer Europäischer Fahrzyklus
NIMH-Batterie: Nickel-Metallhydrid-Batterie
n.o.: normally open (stromlos offen)
NO_x**:** Stickoxide

O
OBD: On-Board-Diagnose
On/Off: Ein-Aus-Schaltventil (teilweise mit o/o bezeichnet, fälschlicherweise oft nur MV oder Magnetventil genannt)
OSEK: Echtzeitbetriebssystem

P
P1-HEV: Parallelhybrid mit einer Kupplung
P2-HEV: Parallelhybrid mit zwei Kupplungen
PAK: Programmablaufkontrolle
PCB: Printed Circuit Board(Leiterplatte)
PEM-BZ: Polymer-Elektrolyt-Membran-Brennstoffzelle
PEM-FC: Polymer Electrolyte Membran Fuel Cell (= PEM BZ)
PSG: Parallelschaltgetriebe (LuK)
PTC: Positive Temperature Coefficient
PTM: Powertrain Management (Triebstrangsteuerung)
PWR: Pulswechselrichter

Q
QB: Qualitätsbewertung

R
RME: Rapsölmethylester (Biodiesel mit Rapsöl)
ROZ: Research-Oktanzahl
RS: Rückschaltung
RSS: Rotational Speed Sensor
RSV: Rückschaltverhinderung

S

SAC: Self Adjusting Clutch
S-HEV: Serieller Hybridantrieb
SMG: Separater Motor-Generator
SOC: State of Charge (Batterie-Ladezustand)
SOH: State of Health (Batterie-Alterungszustand)
SP-HEV: Seriell-paralleler Hybridantrieb
SRE: Saugrohreinspritzung
SW: Software

T

TCM: Transmission Control Module
TCU: Transmission Control Unit
THM: Thermisches Management
TtW: Tank-to-Wheel („vom Tank zum Rad")
TÜV: Technischer Überwachungsverein (Deutschland)

U

UFOME: Used Frying Oil Methyl Ester (Altspeisefettmethylester)
UK: Übersetzungskriterium

W

WD: Watchdog
WK: Wanderüberbrückungs-Kupplung
WtT: Well-to-Tank („von der Quelle zum Tank")
WtW: Well-to-Wheel („von der Quelle zum Rad")